Olivier Lacaux
Jean Castanier

I.S.B.N. 978-2-917254-018-8

Dépot légal : 4e trimestre 2014

Ouvrages parus
dans la même collection :

- *Des mécanismes élémentaires* - L. E. Loche
- *Traité pratique des engrenages* - L. Wève
- *Distribution de la vapeur* - M. Castelnau
- *Fabriquer des moteurs Stirling* - A. Ross
- *Moteurs* - Tome 1 et 2 - Max de Nansouty
- *Moteurs & Gazogènes* – L. Letombe
- *L'Artillerie moderne de monde industriel)* – L. Huard
- *La Marine de guerre de monde industriel)* – L. Huard
- *Locomotive & Chemin de Fer* – L. Figuier
- *Engrenages & Transmissions* – G. Franche
- *La machine locomotive* – E. Sauvage
- *Gouvernails à vapeur FARCOT* – J. Farcot
- *Les bateaux à vapeur* – L. Figuier
- *Les Locomobiles* – L. Figuier
- *La machine à vapeur T1* – E. Sauvage
- *La machine à vapeur T2* – E. Sauvage
- *Manuel du moteur Stirling pour le modéliste* – D. Lyonnet
- *Les chemins de fer* – A. Guillemin
- *Tiroirs et distributeurs de vapeur* – A. Madamet
- *La Marine de guerre – A. Sauvaire–Jourdan*
- *L'A.B.C. du Chauffeur* – H. Mathieu
- *La navigation sous–marine* – G.L. Pesce
- *Histoire de la machine à vapeur* – R.H. Thurston
- *Les paquebots à grande vitesse* – M. Dumoulin
- *Les Moteurs* – H. de Graffigny
- *Les Torpilles* – E. Hennebert
- *507 Mouvements mécaniques* – H. Brown
- *Les Machines* – E. Collignon
- *La Vapeur* – A. Guillemin

LES MOTEURS

ANCIENS ET MODERNES

H. DE GRAFFIGNY

Illustré de 106 gravures dessinées sur bois
PAR L'AUTEUR

1888

LES MOTEURS ANCIENS ET MODERNES

AVANT-PROPOS

Moteur, du latin *movere*, mouvoir, se dit en mécanique de tout appareil produisant un mouvement quelconque.

Au mot machine, le dictionnaire de Littré donne cette définition : *Instrument propre à communiquer du mouvement ou à saisir et prendre, ou à mettre en jeu quelque agent naturel comme le feu, l'air, l'eau, etc.*

Un des collaborateurs de la Bibliothèque des merveilles[1] a exprimé plus complètement la même idée en ces termes : « *Une machine est un produit de l'intelligence et du travail de l'homme, destiné à suppléer à notre faiblesse, en nous permettant de faire un emploi utile des forces que la nature met à notre disposition.* »

L'étude des moteurs et machines que nous offrons au public est divisée en neuf sections ou parties distinctes, comprenant plusieurs divisions et subdivisions. Voici l'ordre que nous avons suivi :

1. Les moteurs animés, tirant leur puissance motrice de la chaleur développée par la combustion de leurs aliments dans les poumons et l'appareil circulatoire ;
2. Les moteurs employant la force du vent, ou aériens ;

1 *Les Machines*, par Édouard Collignon.

3. Ceux utilisant l'eau d'une façon quelconque, ou hydrauliques;
4. Les machines accessoires et baromotrices, se basant sur l'effort naturel de la pesanteur ;
5. Les moteurs employant l'air, soit chaud, comprimé, soit par simple pression atmosphérique ;
6. Les moteurs à gaz d'éclairage ;
7. Les moteurs à vapeur ;
8. Les moteurs électriques ;
9. Les moteurs à grande puissance (tels que la machine du Tremblay à vapeurs combinées d'eau et d'éther) ; les moteurs à acide carbonique, et le système à poudre, pour le battage des pieux, etc.

Chacune de ces divisions embrasse une série de machines ne différant que dans le mode d'emploi de la force motrice, ou dans la disposition des organes qui les composent.

Tel est le plan de ce livre, écrit spécialement, non pour les ingénieurs et les gens du métier, mais plus particulièrement pour les personnes qui, n'ayant pas fait d'études spéciales, éprouvent le louable désir de se rendre compte des progrès accomplis par la mécanique et s'intéressent à la construction et à la manoeuvre des machines, sujets toujours curieux et trop ignorés, faute de traités vulgarisateurs, comme celui-ci va s'efforcer de l'être.

On pourrait presque dire que nous naissons tous mécaniciens. Il n'est pas d'enfant qui ne se plaise à détruire ses jouets pour découvrir les secrets de leur mécanisme et qui ne tente aussi de construire de petits appareils ou moteurs à son usage, souvent avec une ingéniosité qui étonne. Ce goût, sinon cette vocation, quelquefois persiste à un âge plus avancé ; mais quand on veut faire de la mécanique sans s'être pourvu de toute la science nécessaire, on n'arrive presque jamais qu'à des rêveries irréalisables, et plus d'un exemple prouve que, malheureusement, on s'expose à perdre ainsi non seulement ce qu'on peut avoir de fortune, mais aussi de raison.

CHAPITRE I
LES MOTEURS ANIMÉS

L'homme. — Les animaux moteurs.

- I -

L'Homme

Dans les pays civilisés, l'homme ne sert plus guère de moteur ; les machines le remplacent avec avantage. Plus l'homme acquiert de valeur intellectuelle, plus il est difficile et coûteux d'en faire une force motrice simple. Cependant, jusqu'ici sa force musculaire est encore d'une grande utilité, et l'on ne pourrait se priver sans préjudice de sa collaboration à beaucoup de travaux accomplis par les machines.

Dans la « construction », les maçons tournent la manivelle du monte-charges, pour l'élévation des matériaux et des pierres de taille ; ils remplacent par leur effort musculaire, le travail développé par une machine. Il est à peine nécessaire de rappeler d'autres exemples :

- Le tourneur de roue produisant la torsion du chanvre dans les corderies ;
- Le bijoutier qui élève, en pressant sur une pédale, le lourd mouton pour estamper les métaux ;
- Le carrier (fig. 2) grimpant sur les échelons de la roue pour tirer les pierres du fond des carrières ;
- Le forgeron qui martèle le fer rouge pour en fabriquer divers outils d'agriculture ;

Fig. 1. — Ouvriers au monte-charges.

- Les terrassiers élevant des déblais en faisant contrepoids sur la plate-forme mobile du treuil ;
- Le tourneur qui communique un mouvement de rotation rapide à l'axe du tour, en appuyant le pied sur une pédale oscillante, reliée au volant par une bielle de bois ;
- Le rémouleur, faisant tourner rapidement sa meule au moyen d'une pédale montée sur pivot ;
- Le meunier montant au moyen d'une moufle ou d'une poulie les sacs de farines au grenier ;
- Les pompiers eux-mêmes, courant à perdre haleine, tout en traînant leur pompe et leur lourd matériel, etc., etc.

Fig. 2. — Le carrier.

Dans toutes ces actions, l'homme est plus ou moins ce que l'on appelle un moteur.

Observons-le aussi s'employant aux terrassements, aux petites cultures comme celle du jardinage, au service des barques et des bateaux, etc.

Mais ce n'est pas la force musculaire seulement qui agit dans ces divers travaux. L'homme ne peut pas s'abstenir de penser, de réfléchir, d'inventer, même lorsqu'il ne paraît avoir à dépenser que de la force physique. Aussi un très grand nombre de perfectionnements, constatés dans l'histoire du travail, sont-ils dus à l'initiative de simples ouvriers qui les ont entrevus et proposés tout en accomplissant modestement leur tâche quotidienne. Leur expérience, et l'aspiration naturelle vers le progrès dont nous sommes tous plus ou moins doués, leur ont souvent tenu lieu de science dans une certaine mesure. Leurs observations ont éveillé l'attention d'hommes plus instruits, et la théorie est venue confirmer et établir en méthode et en règle pratique ce qui n'était d'abord qu'une sorte de pressentiment vague ou d'une application incertaine et très limitée.

Il est du reste évident que la destinée de l'homme n'est pas de rendre des services simplement matériels : il lui appartient de se soumettre et de diriger toutes les forces créées par la nature et par l'intelligence.

Quels progrès accomplis depuis les origines de l'histoire ! Quelles merveilles que celles dont la science et l'industrie nous donnent chaque jour le spectacle ! Et que n'avons-nous pas encore à espérer !

Rappelons maintenant que c'est par les moteurs animés que les hommes ont commencé à alléger leurs labeurs.

Partie II

Les animaux moteurs

Le cheval, le bœuf, l'âne, le chien, l'éléphant, le chameau.

La plus belle conquête de l'homme, ainsi que l'a dit Buffon, a été le cheval, et il serait puéril d'énumérer les services que ce noble animal a rendus, rend et rendra encore. On l'a employé à tout et de toutes les façons, mais d'abord, à porter des fardeaux et l'homme lui-même d'un endroit à un autre ; il a ainsi diminué par sa force et sa vitesse la longueur des espaces et du temps.

Il a dû être attelé de bonne heure à de grossiers chariots, et il est ainsi devenu une bête de trait ; la plus utile de toutes et celle dont l'on use encore le plus communément aujourd'hui.

Il a été successivement l'auxiliaire de mille travaux différents.

Il a été dressé par exemple, à tourner le manège qui est le moteur de certains ateliers. La figure 3 représente un cheval faisant agir une scie à ruban dans une manufacture de bois de sciage. Ailleurs, par son poids ou par sa force musculaire, il manoeuvre tous les engins et toutes les machines d'un atelier.

A la campagne, il laboure, il tourne le manège qui manoeuvre le moulin de la ferme. A la ville, il traîne le lourd camion chargé de marchandises, l'omnibus, le fiacre, les calèches.

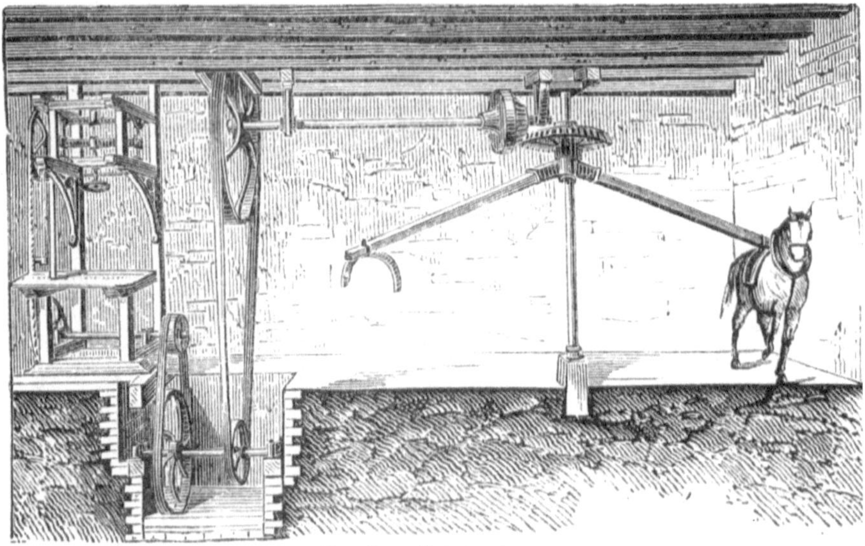

Fig. 3. — Scie à ruban.

Dans les mines, à travers mille obstacles, une lanterne au col, il traîne les wagonnets chargés de déblais ou de charbon. Partout où il y a un coup de collier à donner, le cheval est là et le donne. Admirable moteur animé !

Le manège est d'un emploi très fréquent, non seulement à la campagne, mais encore dans les villes, chez quelques industriels. Il se compose essentiellement de deux engrenages d'angle, dont le plus grand est dans une position horizontale et le plus petit, le pignon, est vertical. L'animal est attaché à l'extrémité d'un bras fixé sur la grande roue dentée, et il marche toujours dans le même cercle. La tige du pignon se continue et communique le mouvement de rotation, considérablement amplifié, aux appareils à faire mouvoir. A la campagne, c'est ordinairement pour l'épuisement de l'eau, le moulin, les pompes, qu'on se sert du manège ; dans les petites villes il remplace les autres moteurs en transmettant le mouvement aux machines à actionner : scies circulaires où à ruban, tours à bois, etc.

Il n'y a guère que dans les pays de montagnes que l'on préfère au cheval l'âne et le mulet, animaux au pied sûr, marchant le long des plus profonds précipices sans broncher ; ce sont les suppléants, les cadets du cheval.

L'animal dont on se sert le plus, après le cheval, est le boeuf. Il est plus lent, mais aussi plus puissant et plus robuste. Aucun animal n'est capable de produire un grand effort plus prolongé, tel que labourer, herser, tourner le

Fig. 4. — Le wagonnet.

manège, etc. On s'en servait jadis comme attelage même à des voitures royales. Qui ne se rappelle ces vers :

Quatre boeufs attelés, d'un pas tranquille et lent,
Promenaient dans Paris le monarque indolent.

Aujourd'hui on s'en sert peu de cette façon, et c'est surtout l'agriculture qui les utilise, soit pour le labourage, soit pour le transport, après la moisson, du blé et des fourrages, depuis les champs jusqu'aux granges.

Le proverbe italien : *Chi va piano va lontano* — « *Qui va lentement va loin* », s'applique bien au boeuf, dont l'action motrice fournit une plus grande quantité de travail que le cheval. Mais les machines aussi le remplacent de plus en plus, et il est destiné à servir surtout à l'alimentation.

Dans un certain nombre d'ateliers le chien sert de moteur en courant à l'intérieur d'une roue.

La roue dite de tourneur a environ trois mètres de diamètre. C'est un simple cylindre en bois, d'une largeur de quarante centimètres, muni de huit rayons ou jantes, disposés en croix et prenant leur point d'attache sur chaque cercle extérieur. Dans l'entre-croisement de ces rayons passe l'axe, en fer le plus ordinairement, et supporté par deux chaises en fonte, boulonnées sur le sol. A l'intérieur du cylindre se trouvent des échelons, larges barres de bois servant de point d'appui à l'animal moteur. Celui-ci, en déplaçant le centre de gravité de la roue, la fait tourner avec une vitesse de huit à dix tours par minute.

Au moyen d'une poulie et d'une courroie de transmission, le mouvement de rotation peut être communiqué aux appareils à actionner : meules, machine à forger les boulons, pilons, scies, soufflets de forge, etc,

Fig. 5. — Le chien moteur : chien dans une roue.

On a même dressé le chien à mouvoir des machines à coudre, en le faisant piétiner continuellement dans l'intérieur d'une boîte, montée sur pivot et reliée par une bielle au volant régulateur.

Il ne sert pas à cela seulement. Dans les pays du Nord, les animaux de trait sont les chiens, de même que les rennes. L'Esquimau les attelle à son traîneau, et sous leur rapide impulsion, le léger véhicule glisse comme l'éclair

Fig. 6. -- Éléphant dans l'Inde.

à la surface des *icefields*. Dans certaines grandes villes, les chiens, accrochés par la corde de leur collier à la voiture à bras, servent à la traction à côté de leur maître.

On a vu une curieuse machine où la force d'un moteur animé mettait en mouvement une scie circulaire microscopique. Cette force était celle d'un petit écureuil, tournant dans sa cage comme le chien dans sa roue ; il communiquait une assez grande vitesse à la scie ; mais ce n'était là qu'un amusement mécanique et non l'emploi sérieux de la force si faible de ce petit moteur animé.

Non content d'avoir asservi le cheval, le boeuf et le chien, l'homme a aussi domestiqué le plus gigantesque des animaux ; l'éléphant est encore aujourd'hui le moyen de locomotion le plus employé dans l'Inde ainsi que dans d'autres parties de l'Asie, et l'on songe même à l'appliquer en Europe à nombre d'usages et d'exercices tout différents de ceux auxquels les habituent les dompteurs et les acrobates[2].

Le chameau est employé comme locomoteur pour les transports dans les déserts brûlants de l'Afrique ; le lama dans les Cordillères, le mulet et l'âne dans les Pyrénées, le buffle dans la campagne romaine.

On peut dire, en résumé, qu'il n'est presque aucun animal auquel l'homme ne puisse faire sentir le poids de sa supériorité morale en l'employant, autant que possible, à ses travaux journaliers, de la façon la plus conforme à son organisation et à ses moyens, se déchargeant par là de la plus pénible et la plus lourde partie de sa tâche.

2 M. Maret-Leriche, architecte, ayant démontré que la force d'un éléphant est égale à celle de vingt chevaux, a proposé d'utiliser cet animal à la traction des tombereaux de déblais pour les fouilles de construction.

Fig. 7. -- Chien attelé.

CHAPITRE II
LES MOTEURS A VENT

Moulins. – Les véhicules à voiles.

- I -

Les Moulins

De tous temps l'homme s'est appliqué à utiliser à son profit les forces de la nature. L'eau, l'air et le feu sont des éléments dont il a su faire des moteurs et des auxiliaires précieux. Que ne fait-on pas, que ne produit-on pas quand on dispose d'une force quelconque, et surtout quand cette force est fournie par un des éléments de la nature elle-même ? Les chutes d'eau, les moulins à vent, ces premiers moteurs, qui ne dépensent rien que leur organisation ou installation primitives, sont encore les plus précieux auxiliaires de l'industrie. L'histoire des moteurs enregistre chaque jour de nouvelles découvertes, moteurs à vapeur, moteurs à gaz, moteurs hydrauliques ou à air comprimé ; mais en général les moteurs dépensent plus qu'ils ne produisent, à moins qu'il ne s'agisse de grandes installations auxquelles suffisent les moteurs à vapeur.

L'électricité pourrait être économique si elle n'exigeait pas, comme nous le verrons plus loin, une force motrice pour sa production. On en arrive donc à reconnaître que les forces naturelles, les cours et chutes d'eau et le vent sont réellement les plus simples, les plus utiles et les moins chères.

Il y a deux sortes d'appareils affectés à faire servir le vent comme force motrice, les voiles et les roues à palettes, à ailes ou en hélices.

Les voiles sont le système le plus ancien et le plus simple.

Le type de ce genre de moteurs le plus connu est le moulin à vent.

Dans le moulin, le vent appuie sur les ailes, au nombre de quatre ordinairement, et les fait tourner avec une vitesse de rotation en rapport avec sa vitesse propre, 6, 8, 10 ou 12 tours à la minute.

Ces ailes sont formées d'une sorte de treillis de bois, et prennent leur point d'attache sur l'axe mobile ; elles sont légèrement courbées dans le sens du vent, de manière à lui présenter une surface oblique, une fraction d'hélice.

D'après la force du courant d'air, le meunier règle la vitesse de rotation de son moulin, en étendant ou en retirant une partie de la toile qui les couvre. On opère une manoeuvre analogue dans la marine, en diminuant la voilure, en prenant des ris. Cette toile est indispensable, on le comprend bien ; sans elle le vent passerait à travers les interstices du treillage, et l'aile, par conséquent le mécanisme, resterait immobile. Par le jeu de deux engrenages d'angle : le rouet et la lanterne, le mouvement des ailes se transmet aux meules et au blutoir, comme il est indiqué dans le dessin en coupe. Dans ce système, le toit seul du moulin est mobile et le rouet, malgré son mouvement de rotation, ne cesse pas d'engrener avec la lanterne. Au moyen de la queue, le meunier fait tourner le toit, et en même temps l'arbre, car il faut que les ailes se présentent toujours de face au vent. Autrement, si le vent était trop violent et si les ailes étaient mal orientées, le meunier verrait le toit de son moulin précipité à terre par la force de la bourrasque.

Fig. 8. — Intérieur d'un moulin à vent.

On a diversement articulé le système alaire des moulins ; tantôt le moulin tout entier pivote sur lui-même, tantôt c'est le toit seul qui tourne.

La construction des moulins varie elle-même considérablement. Il y en a dont le corps, sauf le toit, est en pierre de taille ou en moellons et cimentés.

Ce sont les plus solides et ceux qui résistent le mieux. Ordinairement ils sont formés de feuillures de bois (fig. 8.)

Pour arrêter le mouvement de rotation des ailes, lorsqu'elles sont en face du vent, avec une chaîne placée près de la queue, on déclenche le frein, qui n'est autre chose qu'un cercle de bois solide entourant le rouet de toutes parts et maintenu en place par deux larges madriers. Quand on agit sur le frein, ce cercle enserre la circonférence extérieure du rouet, et par son énergique pression l'immobilise. En faisant pivoter le madrier, le cercle se desserre, et le mécanisme se remet en marche. Le réglage du moulin s'obtient d'après la surface de toile déroulée et la violence du vent. Par des temps ordinaires, un moulin avec des ailes de six mètres d'envergure dépense une force de cinq à six chevaux-vapeur.

Dans les moulins de ce système une seule meule tourne, la seconde est fixe. Le grain tombant de la trémie s'engage dans l'interstice des deux meules, et, une fois moulu, descend au rez-de-chaussée, où se trouve le blutoir, sorte de crible qui sépare les gruaux, les différentes qualités de farine et le son. Les procédés de mouture ont subi de notables améliorations depuis Pigeault de Senlis, au seizième siècle.

On assure que l'idée du moulin à vent fut rapportée d'Orient par les croisés vers l'an 1050. C'est de cette époque que daterait son importation dans les plaines si bien aérées du nord de la France. On s'en sert encore, mais de moins en moins : on le remplace maintenant par les minoteries à vapeur.

Dans les pays arrosés de nombreux cours d'eau, on préfère les moulins à eau, marchant au moyen de roues hydrauliques ou de turbines.

Quant aux moulins se réglant d'eux-mêmes, leur usage commence seulement à se généraliser.

Nous dirons quelques mots des principaux systèmes imaginés dans le cours de ces dernières années, notamment par MM. Beaume, Aubry et Dumont.

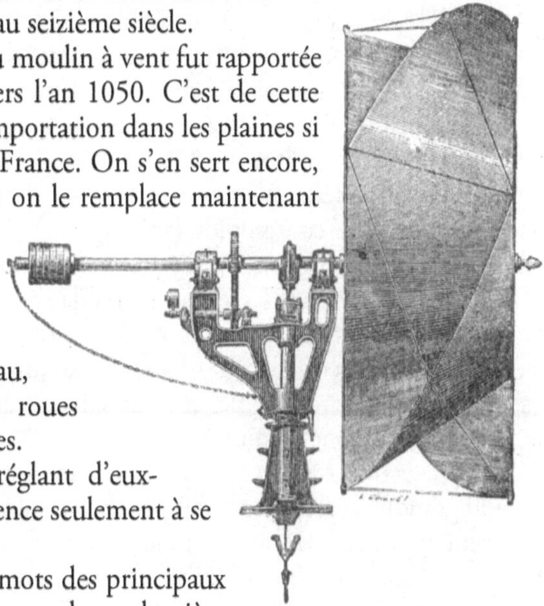

Fig. 9. — Vue de profil de la turbine atmosphérique de Dumont,.

Ce dernier système, appelé turbine atmosphérique par son inventeur, est représenté par la figure 9.

Le premier type de moulin automoteur construit par M. Beaume était à six ailes pleines, montées sur un arbre en fer. Cet arbre est supporté par deux paliers, et les coudes se trouvent entre les branches de la fourche formée par les deux supports qui, un peu au-dessous, se rejoignent pour adopter la forme cylindrique. A l'extrémité de l'arbre opposée aux ailes se trouve une masse de métal, faisant contrepoids à ces dernières.

D'après le côté d'où vient le vent, l'axe vertical, la fourche, tourne, et les ailes se trouvent toujours en face du courant aérien, de façon à éviter les ruptures et aussi l'intervention de l'homme. Ajoutons que tout l'appareil est monté sur quatre hautes sapines, à la moitié de la hauteur desquelles est établie une plate-forme, munie d'un garde-fou et d'où part une échelle arrivant à la partie supérieure de l'édifice où est installé l'appareil.

Le second moulin automoteur construit par le même mécanicien, et appelé par lui moulin *l'Éclipse* (voir fig, 11), est très simple. Il se compose des pièces suivantes :

1° De la roue motrice ; 2° de la pièce appelée bras, supportant ladite roue ; 3° d'un plateau excentrique communiquant le mouvement au moyen d'une bielle ; 4° d'une girouette d'orientation ; 5° d'une pièce supportant le mécanisme, fixée sur un tube en fer creux, traversant un manchon et pouvant tourner en tous sens ; 6° d'une aile latérale régulatrice ; 7° enfin, de deux secteurs dentés sur l'un desquels sont fixés le levier de désorientation, et le contrepoids (voir fig. 11). La roue motrice, de forme circulaire, placée verticalement, est composée d'une armature légère en bois de frêne, sur laquelle sont fixées des lames de sapin allant dans leur longueur du centre aux extrémités, point où elles sont un peu plus larges et sont dans le sens de leur largeur placées obliquement, un peu comme les lames de persiennes, se recouvrant toutes tout en laissant du jour entre elles, de sorte que, de face, cette roue paraît pleine.

Quand le vent est relativement faible, c'est sur la face qu'il vient frapper. Dès qu'il grandit, sa seule force fait placer la roue transversalement. A mesure que le vent augmente de force, la roue oblique à gauche et, s'il vient à souffler en tempête, elle s'incline jusqu'à venir présenter sa tranche. Dans cette position, la force atmosphérique ne rencontre naturellement qu'une surface presque nulle.

Cette position est gardée tant que dure la bourrasque.

Fig. 10. — Moulin automoteur l'Éclipse.

Le vent vient-il à faiblir ? Selon le degré de force qui lui reste, le contrepoids ramène tout ou partie de la roue au vent.

Vient-il une saute de vent, incident tant redouté des constructeurs de moulins ? Aussitôt la roue présente sa tranche pour revenir ensuite aussitôt que la force sera moindre, ramenée qu'elle est par le contrepoids.

Quand la roue présente sa tranche, elle ne tourne plus, tant qu'elle est maintenue dans cette position. La girouette d'orientation étant indépendante, a reçu pour fonction de toujours amener au vent, laissant à l'aile latérale le soin de sa fonction, laquelle consiste à garer la roue motrice ce qui, suivant le besoin, est fait instantanément et toujours automatiquement par la mise en jeu des secteurs dentés.

N'a-t-on plus besoin de son travail, veut-on, pour une simple visite, le graissage ou une réparation, obtenir l'arrêt complet ? Une tringle composée d'un gros fil de fer permet d'obtenir de la terre toutes les positions indiquées ci-dessus jusqu'à l'arrêt en plaçant la roue dans le sens longitudinal de la girouette d'orientation.

La rotation de l'axe est ordinairement mise à profit au moyen d'une bielle qui peut, à la rigueur, faire mouvoir une pompe dans un puits de 60 mètres de profondeur.

Le système de M. Aubry diffère notablement de celui-ci. Ce moulin possède une grande surface de toile placée à l'arrière, servant à la fois de gouvernail, de girouette et de contrepoids. Lorsque le vent est trop violent, un frein est déclenché et appuie sur l'arbre de couche ; le moulin reste alors immobile, ce qui évite la rupture des diverses pièces de l'appareil.

On a pu voir fonctionner des spécimens de ces appareils à l'*Exposition universelle* de 1878 et à l'Exposition du Travail en 1883, au P*alais de l'Industrie.*

En 1887, près des phares de la Hève, M. le duc de Feltre a fait élever un moteur à vent, semblable à ceux que l'on voit dans toutes les expositions, mais de dimensions colossales. La charpente de l'appareil est des plus robustes et repose sur un soubassement en maçonnerie auquel elle est reliée par de solides tirants en fer. Ce moteur à vent est destiné à expérimenter un système d'éclairage électrique, breveté, dans le but d'utiliser le vent comme force motrice pour actionner une dynamo employée à charger des accumulateurs de force convenable.

L'électricité ainsi emmagasinée deviendrait à volonté un foyer de lumière et aurait l'avantage de ne rien coûter une fois les frais d'installation payés. M. de l'Angle de Beaumanoir, ingénieur civil de Paris, a été autorisé par M. le ministre des travaux publics à faire, à ses frais et sous le contrôle des ingénieurs, un essai de ce système d'éclairage aux phares de la Hève. Cet essai sera sans inconvénient pour la navigation, les machines actuelles étant toujours prêtes à fonctionner en cas d'insuffisance des nouveaux appareils. Le moteur à vent, dont les ailes ont douze mètres de diamètre, a été livré par un constructeur américain.

N'était l'instabilité du vent et ses brusqueries, le vent serait un excellent moteur pour actionner les dynamos, pour produire et emmagasiner l'électricité : mais, même avec des approvisionnements accumulés à l'avance,

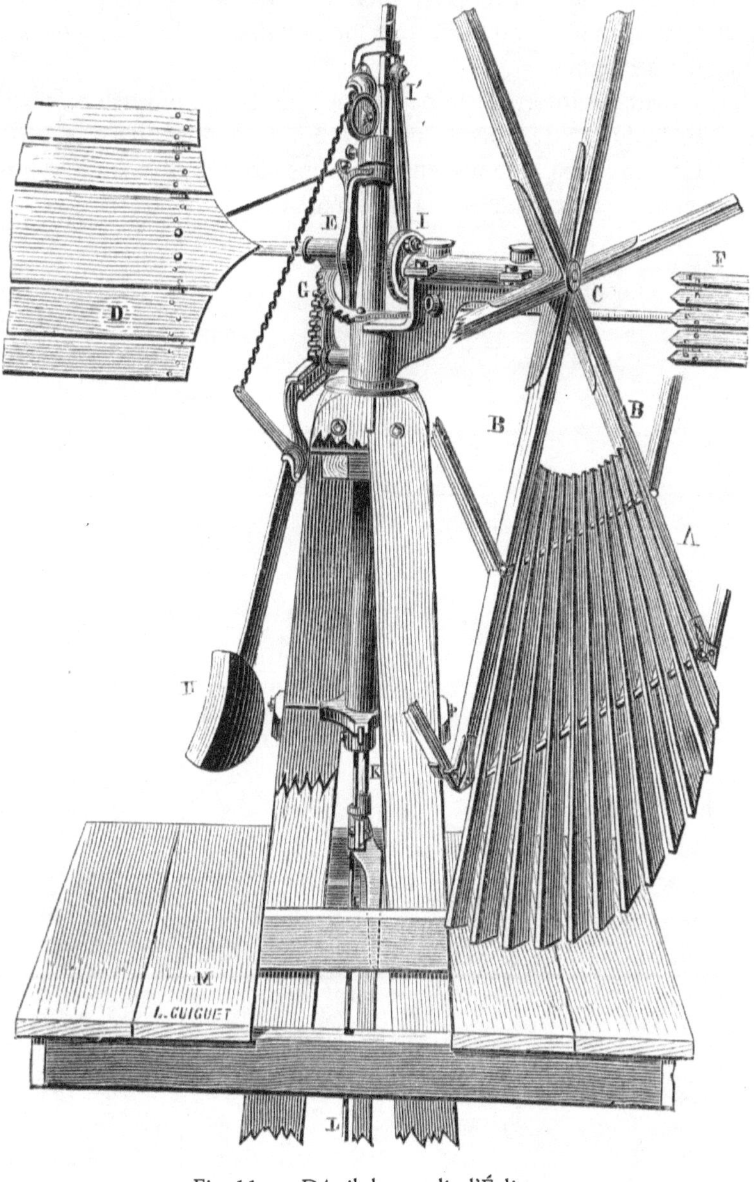

Fig. 11. — Détail du moulin l'Éclipse.
A, roue. – D, bras. – C, arbre. – D, girouette. – E, pivot. – F, vanne. – G, secteurs dentés. – H, contrepoids. – I, bras de l'excentrique. –K, – L, manchon. – M, plate-forme.

quand le vent souffle, on ne peut guère compter sur un éclairage stable et régulier, à moins que les provisions ne soient telles qu'elles puissent défier les plus longues accalmies.

Mais le meunier interroge trop souvent l'horizon pour que l'on n'ait pas à se défier, malgré tout, de l'inconstance du vent. Cependant il y a certainement là une idée pratique, et nous encourageons de grand coeur les hommes d'initiative qui se sont attachés à la faire réussir.

Partie II

Les véhicules à voile

Les voiles des navires sont de grandes surfaces de toile, sur lesquelles le vent vient frapper et qu'il entraîne avec tout le bâti auquel elles sont attachées.

Nous n'entreprendrons pas de décrire ici les moyens de naviguer dans les différents sens, vent arrière, vent contraire ou devant, vent de côté, grand largue, etc. A cet égard, le lecteur voudra bien se reporter au livre, si complet, publié sur ce sujet dans cette collection[3] ; il y trouvera tous les renseignements nécessaires. Nous nous bornerons à quelques indications des divers usages des voiles.

Tous les navires qui parcourent la surface des mers, quoique munis pour la plupart de machines à vapeur puissantes, ont des mâts et des voiles qui leur permettent de profiter d'un courant d'air favorable, en ménageant par là leur réserve de combustible.

D'autres bâtiments appelés voiliers ne marchent absolument qu'avec leurs voiles. Ils ont à craindre les calmes plats, qui les réduisent forcément à l'immobilité. Aussi, préfère-t-on maintenant se servir d'un moteur sur lequel on puisse compter, plutôt que sur le vent, force bien aléatoire. Les voiles ont été aussi appliquées à la locomotion terrestre. Ainsi, en Chine, les brouettes à voile sont fort communes. Le coureur, pieds nus, tient les brancards, et court

3 *L'Arl naval*, de M. Renard.

avec la vitesse du vent, métaphore vraie ici. Ces coureurs peuvent parcourir des espaces considérables, quand le vent est bon et qu'il souffle dans la direction qu'ils suivent. Dans ce cas, le vent est plutôt la force motrice qui fait progresser le véhicule, que l'homme qui tient les brancards (fig. 12).

Fig. 12. — Brouette à voile.

On a aussi adapté des voiles aux vélocipèdes (fig. 13), pour faciliter la tâche du véloceman et diminuer sa fatigue, en même temps que pour doubler la vitesse de la légère machine.

On a construit aussi des voitures et des traîneaux à voiles, employés aujourd'hui encore, en Hollande, en Russie, et en général dans les pays du Nord.

Le premier de ces appareils dont l'histoire ait conservé le souvenir, est le chariot à voiles du prince d'Orange qui parcourait, sous la seule action du vent, les plages de Scheveningen.

La gravure de la page ci-après (fig. 14) représente un de ces véhicules, dont on se sert parfois pour le transport des voyageurs, entre Saint-Pétersbourg et Cronstadt. Par un fort vent, elles peuvent franchir jusqu'à quarante kilomètres à l'heure, ce qui n'est pas à dédaigner.

Les manoeuvres s'exécutent, comme pour un voilier, par le changement d'orientation des voiles, et au moyen de la roue mobile de l'avant.

Les traîneaux à voile ou *ice-boat* possèdent, en outre de leur grande voile, un petit foc triangulaire. Ils se dirigent au moyen d'un gouvernail, d'une construction particulière, placé à l'avant. Il consiste en deux longues lames de fer, se rejoignant de manière à former un angle aigu. Quand la bissectrice de cet angle se trouve dans le prolongement de l'axe du traîneau, celui-ci suit une direction fixe. Lorsqu'on veut aller à droite ou à gauche, il suffit d'incliner, dans l'un ou l'autre de ces sens, le gouvernail qui se manoeuvre de l'intérieur au moyen d'un simple levier. Ce gouvernail donne une grande stabilité au *ice-boat*, quoique celui-ci, monté sur de larges madriers formant patins, soit peu chavirable. Quelques traîneaux à voiles, enfin, possèdent deux de ces gouvernails, l'un à l'avant et l'autre à l'arrière.

Fig. 13. — Vélocipède à voile.

On a essayé en France les voitures à voiles comme moyens de locomotion ; mais les premières expériences n'ont pas réussi, soit que les manoeuvriers manquassent de pratique et d'habitude, soit qu'il fût trop difficile d'arrêter assez court le chariot une fois lancé. On se souvient du traîneau à voile du *Tour du monde en 80 jours*, de Jules Verne. Comme on vient de le voir, le spirituel auteur n'a pas été chercher une idée fantaisiste. Ce qu'il a décrit existe ; c'est une invention réelle.

Parmi les avantages que l'on peut retirer de l'utilisation du vent comme force motrice, il faut noter que l'appareil moteur seul coûte et, son installation une fois accomplie, la puissance obtenue est absolument gratuite et cela pendant un temps indéterminé, car la construction des moulins à vent automoteurs est particulièrement soignée pour résister aux brusques secousses des coups de

Fig. 14. — Voiture à voiles.

vent inattendus. Il est donc de tout intérêt, pour les industriels dont l'usine, l'atelier, la manufacture, se trouve dans un lieu aéré, d'établir sur le sommet de leur établissement un moulin à vent automoteur, dont la marche est à peu près continue pendant les trois quarts de l'année. Une petite machine à vapeur remédie aux arrêts momentanés.

Quel est le résultat obtenu ? C'est que, pendant une bonne partie de l'année, l'industriel, l'usinier, aura économisé son combustible.

Il est bien entendu qu'il ne s'agit ici que des moulins automoteurs, les moulins ordinaires réclamant à tout instant le secours d'un ouvrier pour leur réglage, ne pouvant être mis en parallèle avec les systèmes perfectionnés inventés depuis.

CHAPITRE III
LES MOTEURS HYDRAULIQUES

Les roues. – Les turbines. – Les moulins à marée, Le moteur Dufort.

I

Les Roues

Cette partie de notre étude a déjà été traitée dans plusieurs volumes de la collection des Merveilles, et de la manière la plus complète[4]. Il suffira donc de passer brièvement une revue des appareils mus par l'eau, sans entrer dans beaucoup de détails.

L'hydraulique avait fait peu de progrès avant Archimède ; ce grand homme découvrit le principe de la pression des liquides sur les corps qui y sont plongés, et il inventa la vis qui porte son nom. Cette science s'accrut bientôt des découvertes de Ctésibius et de son disciple Héron, mathématiciens d'Alexandrie, qui inventèrent, le premier, la pompe aspirante et foulante et la clepsydre ; le second, le siphon et la fontaine de compression, dite de Héron.

La première application de la pesanteur de l'eau comme force motrice, c'est-à-dire les moulins à eau, fut importée d'Asie Mineure à Rome, du temps de César, et passa en France du quatrième au sixième siècle. Enfin, de nos jours, par leurs longs travaux, Galilée, Torricelli, Bernouilli, Maclaurin, Euler, Fourneyron, ont achevé de fonder l'hydraulique moderne. Le premier

4 *L'Hydraulique*, de A. Marzy, *les Machines* de E. Collignon.

appareil inventé dans le but d'utiliser la force du courant des rivières et ruisseaux fut la roue hydraulique. Les premières construites étaient fort simples. C'étaient de véritables roues à palettes planes comme celles des bateaux à vapeur. Elles sont fréquemment employées à la campagne, au bord des cours d'eau. Les roues hydrauliques sont de plusieurs systèmes, différant l'un de l'autre d'après le côté d'où arrive le liquide moteur.

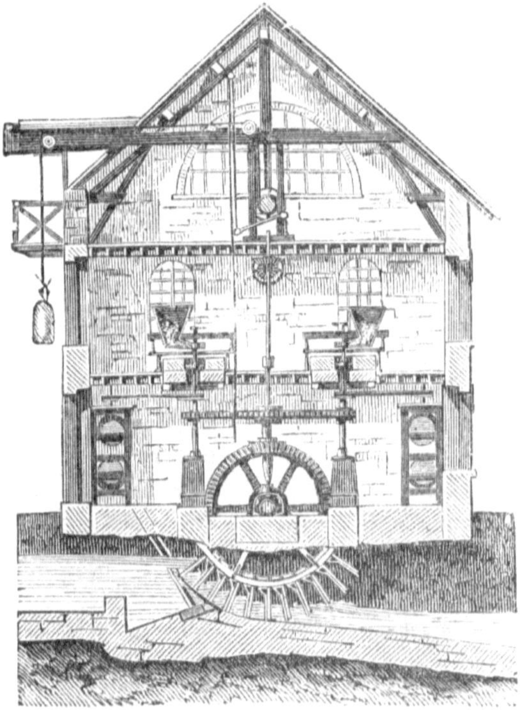

Fig. 15. — Moulin à eau.

La plus commune est celle dans laquelle l'eau arrive par dessous, et tombe sur les palettes qu'elle fait avancer. Elle est dite roue en dessous à palettes planes.

Il y a aussi la roue de côté, la roue à augets, la roue à lames, la roue de dessus, dans laquelle l'eau arrive par dessus et tombe dans les augets ; et la roue Poncelet (fig. 17), dans laquelle l'eau vient en dessous et agit sur des pales courbes.

Les roues hydrauliques sont dites à *coursier vertical*, lorsque la vanne qui règle la quantité d'eau tombée est disposée perpendiculairement ; à *coursier circulaire* (fig. 16), lorsque le lit de la rivière suit la courbe de la roue, et à *coursier horizontal* ou oblique quand l'eau coule sur un fond horizontal ou oblique.

D'ailleurs, à qui voudrait voir des roues hydrauliques de tous systèmes, en nature, la galerie des machines du *Conservatoire des arts et métiers* offre des spécifions de grandeur naturelle et de tous les systèmes, fonctionnant naturellement et agissant sur divers appareils. Pour parer aux pertes de

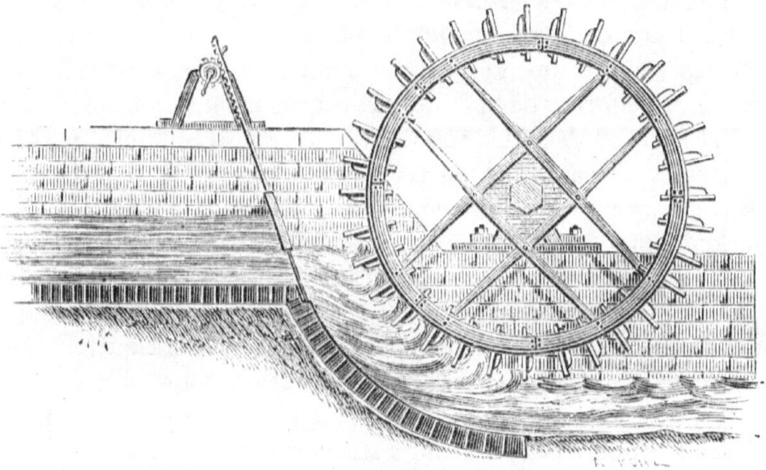

Fig. 16. — Roue hydraulique à coursier circulaire.

mouvement causées par le choc de l'eau, on se sert au Conservatoire d'une machine à vapeur.

Le réglage de tous les types de roues hydrauliques s'obtient avec une vanne, dont la tige à crémaillère engrène avec une roue dentée, sur l'arbre de laquelle est fixée une roue à main, afin de rendre la manoeuvre plus facile.

Fig. 17. — Roue Poncelet à palettes courbes.

Les avantages des roues hydrauliques sur les autres systèmes consistent dans leur construction de la plus grande simplicité, et surtout leur prix minime. Ces avantages sont compensés dans un sens défavorable, il est vrai, par leur peu de vitesse, les pertes de force qu'elles occasionnent (50 p. 100 de la force de l'eau). Malgré ces défauts, on les trouve encore aussi communément qu'autrefois dans les campagnes, et toutes les usines et manufactures du midi et de l'est de la France en sont encore pourvues.

Quelques-unes de ces roues (surtout quand le courant de la rivière dans lequel elles sont plongées est peu rapide) atteignent un diamètre considérable, sept ou huit mètres. Alors l'axe, l'arbre de couche, au lieu d'être cylindrique, est polyédrique et sa section est hexagonale, octogonale quelquefois. Il est en bois, rarement d'un seul morceau, et le plus souvent assemblé suivant une méthode spéciale et dite à *queue d'aronde*. Il est bien entendu que ce n'est que dans les roues communes, construites seulement en bois, que les arbres sont ainsi ajustés. Dans la roue Poncelet, les bras sont en fonte, l'arbre en acier et les palettes en tôle ; les paliers sont en fonte et les coussinets en bronze ; mais dans les roues hydrauliques de grand diamètre, tout est en bois, cercle, bras, palettes, arbre, paliers, etc. On se borne à graisser ces derniers de temps à autre. On comprendra donc facilement que le rendement en travail de tels appareils soit forcément très faible.

Partie II

Les Turbines

Il existe de nombreuses sortes d'appareils hydrauliques, destinés à produire de la force motrice. Nous les étudierons successivement dans ce chapitre.

Un ingénieur, M. Girard, a exposé en 1852 le plan d'un propulseur hydraulique, dans lequel les wagons, munis d'aubes par dessous, seraient poussés par des masses d'eau provenant de réservoirs situés à 80 mètres au-dessus du sol.

Deux ingénieurs rouennais proposèrent à un certain moment un système mixte de l'emploi du vent et de l'eau. Leur appareil était un moulin à vent, dont le mouvement de rotation des ailes était mis à profit pour faire mouvoir les pistons d'une pompe élévatoire. Quand le courant d'air s'arrêtait, la masse d'eau élevée dans un vaste réservoir au-dessus du sol, retombait sur les ailettes d'une roue hydraulique et, par sa pesanteur, la faisait tourner. En procédant ainsi, ces ingénieurs espéraient compenser sans aucune dépense les arrêts du moulin ; mais, à bien réfléchir, il fallait convenir que le réservoir supérieur fût-il plein jusqu'aux bords, jamais la masse d'eau élevée n'aurait été suffisante pour faire marcher, pendant un certain espace de temps, la roue hydraulique, car cet appareil consomme une grande quantité de fluide. Ces ingénieurs revenaient, sans s'en douter, au problème dont la solution impossible est depuis si longtemps cherchée : faire mouvoir par la roue hydraulique, une pompe qui élèverait à mesure de sa chute l'eau motrice qui vient de tomber, de manière à ce que celle-ci tourne indéfiniment. Les pertes, les frottements, mille causes diverses, s'opposent à la réalisation de cette idée car, par ses mouvements successifs, l'eau élevée ne se trouve être que les 4/10 de la quantité totale. Si le rendement de la pompe était égal aux pertes de la roue, le problème du mouvement perpétuel serait résolu.

M. Armstrong utilise autrement la force, la pesanteur de l'eau. Une machine à vapeur travaille sans cesse, et élève l'eau dans un immense récepteur placé à une certaine hauteur. Un compresseur pesant appuie sur la surface du liquide et contribue à lui donner plus de force.

Lorsque l'on veut faire manoeuvrer, soit ensemble, soit séparément les appareils du port de la gare : grues, vérins, plaques tournantes, etc., on ouvre un robinet, et c'est l'eau, fortement pressée, qui sert de fluide moteur.

On se demandera pourquoi on n'emploie pas directement la force de la locomobile ; après réflexion on le comprendra facilement. En effet, la machine étant de faible puissance ne pourrait, sans de graves inconvénients, faire un tel effort. Tandis qu'en procédant de cette façon, elle marelle sans jamais faire d'excès et, lorsqu'il y a « *un coup de collier à donner* », l'eau comprimée dans le réservoir le donne sans aucune peine. C'est ainsi que s'explique l'action de la machine à vapeur élevant l'eau, au lieu de faire manoeuvrer directement les appareils.

Le système de M. Armstrong a été appliqué dans plusieurs ports de France, et avec le plus grand succès. Arrivons-en à la turbine.

Cet appareil se compose essentiellement d'une roue horizontale, tournant sous l'eau, et mise en mouvement par le courant d'une rivière.

Les turbines l'emportent de beaucoup sur les roues hydrauliques ; elles sont préférables à ces dernières à cause de la vitesse de leur rotation par l'avantage qu'elles ont d'utiliser la plus grande partie de la force de l'eau (environ 95 pour 100), de diminuer considérablement les engrenages et de pouvoir continuer leur travail pendant les grandes eaux et les fortes gelées.

L'invention des turbines remonte déjà à un certain temps. Les premières étaient connues dès le milieu du siècle dernier, mais c'est seulement de nos jours qu'elles ont reçu tous leurs perfectionnements et une application vraiment pratique. Celles dont on se sert actuellement sont ordinairement des cuves en fonte ou en bois de chêne cerclé, ayant la forme d'un cône tronqué et renversé, au fond desquelles sont placées des roues à aubes ou à hélice, qui tournent horizontalement. L'eau entre dans la cuve suivant une direction inclinée à l'axe de la turbine qui porte la roue tournante.

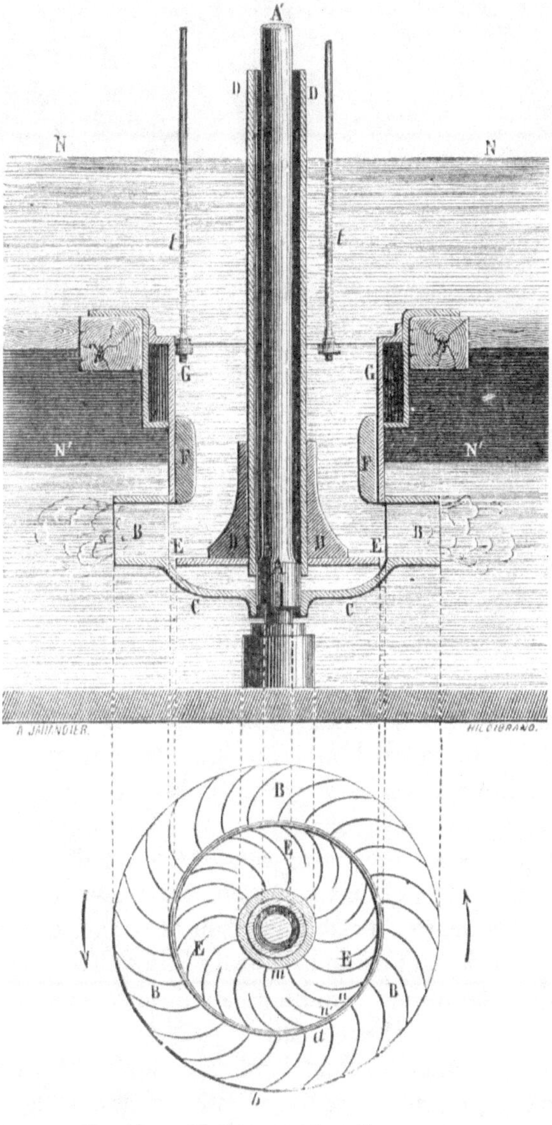

Fig. 18. — Turbine, système Fourneyron.

A, arbre. — D, tuyau porte-fond. — B, couronne mobile portant des aubes. a et b, aubes. — C, couvercle de la turbine. — E, fond fixe découpé par les aubes. — M, N, aubes mobiles. — G, cylindre d'amenée du fluide moteur. — FF', vannes pour régler la dépense d'eau. — t,t', tiges de conduite et de réglage des vannes. — N, N, niveau de l'eau amont et aval.

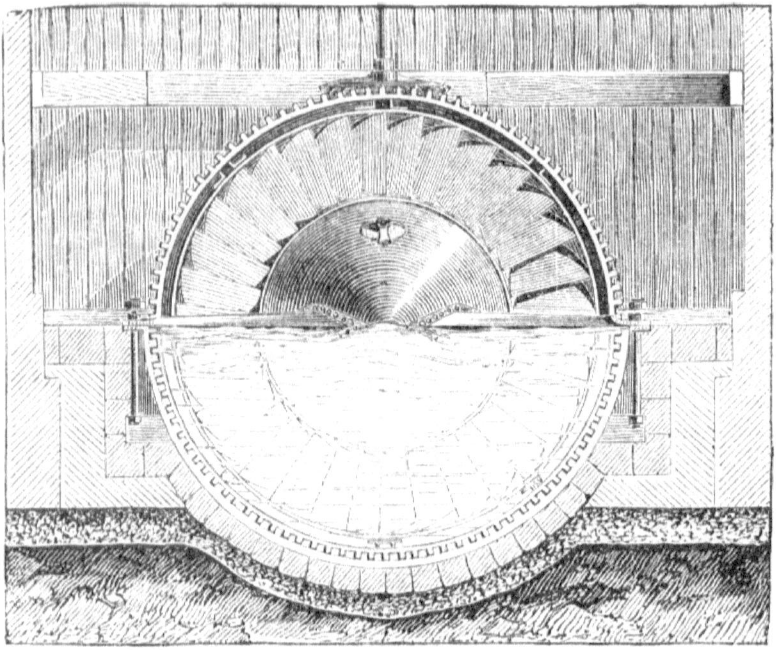

Fig. 19. — Roue-hélice Girard.

Les turbines le plus communément employées sont celles de MM. Fourneyron (fig. 18), Euler, Jonval Burdin, Fontaine et Girard. C'est en imitant les roues horizontales, employées depuis longtemps dans le midi de la France, comme moteurs des moulins à eau, que M. Fourneyron a construit ses turbines. Quoique assez compliquées, elles ont donné des résultats pratiques satisfaisants. Elles se prêtent facilement à toutes les vitesses et à toutes les forces de chute. Leur inventeur en a établi une dans la Forêt-Noire, à Saint-Blaise; elle est mise en mouvement par une chute du Blin de 108 mètres de hauteur. Sa vitesse est de 3200 tours à la minute, sa puissance de 40 chevaux-vapeur. Son diamètre n'est que de 55 centimètres.

Pour de si fortes chutes, les turbines ordinaires se réduisent à des dimensions tellement exiguës et tournent avec une vitesse si considérable, qu'il en résulte forcément une perte de force notable par les engrenages qu'il faut employer. Pour remédier à cette perte, M. Thomas, ingénieur belge, a construit une variété de turbines de grand diamètre pouvant prendre les petites vitesses, car l'eau vient par-dessous. M. Girard a proposé aussi une sorte de turbine appelée roue hélice, fort ingénieusement disposée (fig. 19). Dans ce système, la roue est à moitié immergée dans l'eau, et les engrenages d'angle sont fixés sur deux paliers dans une cuve. C'est la plus simple de toutes celles qui ont été inventées jusqu'ici.

C'est principalement dans les grands moulins à eau qu'on emploie les turbines. Elles sont presque toutes fort peu encombrantes, et c'est justement ce qui les fait rechercher de préférence aux autres moteurs, hydrauliques ou à vapeur. Leur seul inconvénient est que, pendant les grandes chaleurs de l'été, lorsque les eaux sont basses, leur marche est souvent contrariée, ce qui peut être une cause de chômage pour les usines ou les ateliers qui les emploient.

Les moulins de Saint-Maur près Paris offrent le type à peu près le plus puissant de toutes les turbines construites jusqu'à ce jour. L'emploi de ces appareils s'étend de plus en plus chaque jour, et il viendra un moment où ils auront remplacé l'antique roue hydraulique.

Partie III

Les moteurs hydrauliques de petite puissance

Moulins à marée. Moteurs de Dufort, de Sclunid.

L'homme a aussi imposé sa volonté à la mer, au vaste Océan : il emploie les marées comme force motrice.

Voici la description d'un appareil utilisant cette force qui a figuré à l'Exposition internationale de Londres.

L'appareil se compose de deux parties : l'une est un réservoir dans lequel se produit la force, et qui représente la chaudière d'une machine à vapeur ; l'autre est une machine motrice à peu près semblable, sauf quelques modifications, à une machine fixe.

Le réservoir est divisé en deux compartiments placés l'un au-dessous de l'autre. Sa base doit être située au-dessous du niveau des plus basses marées, tandis que sa paroi supérieure atteint le niveau des marées les plus hautes. La paroi horizontale qui divise les deux compartiments occupe une hauteur intermédiaire entre ces deux niveaux.

Ce réservoir doit être enterré dans le sable, à l'abri des vagues et des tempêtes. Il peut être construit indifféremment en maçonnerie, en ciment romain, ou bien en fonte ou en fer, et placé à une distance quelconque de la mer. S'il en est loin, on n'aura qu'à prolonger suffisamment le tube de communication. Pendant la marée, l'eau monte par le tube dans le premier compartiment, et comprime l'air dans le second. En mettant cet air comprimé en rapport avec la machine, le piston glisse comme par l'action de la vapeur à égale tension, et le moteur marche jusqu'à la marée descendante ; c'est-à-dire pendant environ trois heures. On peut donc obtenir ainsi une alternative de trois heures de travail et de trois heures de repos.

Pour les industries auxquelles ces intermittences ne pourraient convenir, on ajuste à la machine une ou plusieurs pompes que le piston met en mouvement et qui refoule l'air dans un vaste compartiment de réserve. Ce travail s'opérant pendant que la marée fait travailler la machine, ou n'a point d'intermittences préjudiciables, la provision d'air comprimé y supplée, et l'on a une marche continue et assurée.

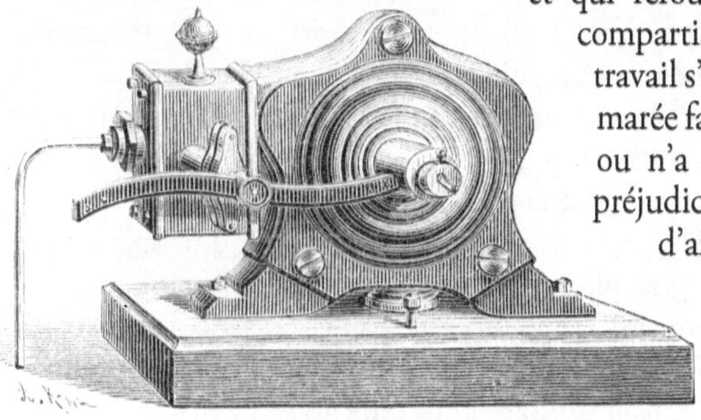

Fig. 20. — Moteur Durfort.

Le prix de cette force motrice est très modéré. Une fois l'installation accomplie, il n'y a plus de dépenses à faire ; les marées travaillent gratuitement. De plus, elles ont sur les autres systèmes hydrauliques un grand avantage, en ce que la mer n'est sujette ni à baisser, ni à tarir, comme les rivières et les ruisseaux.

Le moteur Dufort lui, n'est autre chose qu'une petite turbine de 6 centimètres de diamètre et de 1 centimètre d'épaisseur, munie de 20 ailettes coudées à angle droit rivées à deux disques qui servent à les maintenir. L'eau sous pression arrive ; un tiroir, manoeuvré par une crémaillère, démasque plus ou moins l'orifice ; le jet d'eau vient frapper les parties des ailettes qui se trouvent dans la direction des rayons, la force centrifuge agit ensuite sur la seconde partie des ailettes, et après avoir produit son effet, l'eau s'échappe presque sans vitesse par le large orifice. Notons en passant que le même appareil peut servir aussi pour la vapeur et l'air comprimé. L'axe de la turbine traverse la boîte par les deux joues qui forment coussinets. La mise en marche se fait par un levier manoeuvré ordinairement par une pédale ; l'arrêt se fait presque instantanément car, en fermant le tiroir, le levier fixé sur l'axe de la crémaillère vient frotter sur une poulie placée sur l'axe et agit comme un frein puissant. La vitesse et la puissance de ce moteur, qui pèse 5 kilogrammes à peine, varie entre 60 et 1800 tours à la minute, mais il va sans dire que son meilleur rendement a lieu pour des vitesses intermédiaires qui dépendent de la pression dont on dispose et du travail que le moteur doit accomplir.

M. Humblo, employé à l'administration des lignes télégraphiques, a fait une intéressante application de ce moteur au télégraphe Hughes.

Ce moteur, dans les conditions où il est appliqué, dépense 200 litres d'eau par heure, sous une pression de 20 mètres, ce qui représente un travail brut de 4000 kilogrammètres, soit 1,11 kilogrammètre par seconde. Il remplace le poids moteur de 60 kilogrammes, poids qui actionnait le télégraphe Hughes, et descendait de 1 mètre 10 toutes les deux minutes et demie, ce qui représente un travail effectif de 1584 kilogrammètres par heure, soit 0,44 kilogrammètre par seconde. Le rendement est donc de 40 pour 100 : eu égard aux petites dimensions de l'appareil, à la faible quantité du travail produit, à la simplicité et à la commodité de l'appareil, ce rendement est très satisfaisant.

En supposant une pression de 36 mètres d'eau et un rendement analogue, il faudrait dépenser 250 litres par heure pour produire un kilogrammètre de travail net par seconde, travail suffisant pour faire agir une machine à coudre, un petit tour et une foule de petits outils de l'industrie parisienne. L'eau coûte à Paris 120 francs par an et par mètre cube. Le prix du kilogrammètre effectif serait alors de 0,08 fr. et demi par heure, soit 0,10 fr. avec le graissage et autres menus frais.

Ce prix, inadmissible pour produire un cheval-vapeur qui coûterait 7 francs par heure, n'a rien d'excessif lorsqu'il s'agit de produire un kilogrammètre seulement et de supprimer par ce moyen l'emploi de la pédale et de tous les inconvénients qui y sont attachés.

Moteur Schmid, de Zurich. – Le moteur que nous allons maintenant examiner est employé sur une grande échelle dans plusieurs villes de la Suisse où l'eau sous pression coûte bien moins cher qu'à Paris et est distribuée sous une pression beaucoup plus grande.

Le moteur Schmid est une machine à piston, à cylindre oscillant ; il fonctionne donc comme une machine à vapeur, mais sans détente, l'eau n'étant pas compressible. Un réservoir d'air sert de régulateur et amortit le coup de bélier au moment de l'arrêt. Le rendement de cette machine est assez élevé, car il atteint 85 pour 100 dans des conditions favorables, avec une moyenne variant de 75 à 80.

Il existe de nombreuses variétés de moteurs hydrauliques de petite puissance ; les types les plus connus sont ceux de Mégy, de Saurain et de l'ingénieur Goubet, inventeur du bateau sous-marin électrique. Mais leurs applications étant fort peu nombreuses, nous nous contenterons de les citer sans entrer dans aucun détail de construction pour ne pas fatiguer le lecteur.

CHAPITRE IV
LES BAROMOTEURS

Ressorts. — Poids. — Barotropes. — Caoutchouc tordu.
Plans automoteurs

Le nom hybride de *baromoteurs* que nous donnons aux appareils de cette section vient de deux mots, l'un grec, l'autre latin, le premier signifiant poids et le second moteur, ce qui revient à dire que ce sont des machines tirant leur force de la pesanteur que nous allons étudier ici.

L'emploi des poids comme moteurs est borné presque exclusivement à l'horlogerie. Chacun connaît le vulgaire coucou ou réveille-matin, et la primitive horloge de bois de Nuremberg. Dans ces sortes de pièces mécaniques, le poids attaché au dernier anneau d'une longue chaîne, descend et fait tourner la roue à rochet, sur laquelle passe la chaîne. Cette roue à rochet communique à son tour le mouvement à une roue d'engrenage placée sur l'axe de la grande aiguille. Un autre mécanisme, muni d'un balancier ou pendule régulateur, fait tourner la petite aiguille en douze heures.

Un autre poids sert à faire jouer la sonnerie, toujours par le même effet. A l'heure dite, la roue de la grande aiguille déclenche une pièce qui retient la sonnerie en repos. Rien ne l'arrêtant alors, le poids descend et, par la force qu'il développe, il fait osciller et frapper le marteau sur le timbre. C'est aussi simple qu'ingénieux. Mais si l'on se bornait à cette manoeuvre, le marteau, à mesure que la chute du poids s'accélérerait — d'après la loi bien connue de la chute des corps — le marteau frapperait le timbre de plus en plus vite. Pour éviter les battements de se précipiter, on met en jeu la résistance de l'air. Lorsque le poids descend, il fait tourner des ailettes de fer-blanc, lesquelles, à mesure que leur mouvement de rotation devient plus rapide, éprouvent une résistance de plus en plus grande de la part de l'air et par là modifient et retardent ce mouvement. Par suite le marteau frappe, à intervalles égaux et espacés, le timbre de la sonnerie, qui se trouve ainsi réglée.

Il y a dans certaines cathédrales et églises, à Strasbourg, Saint-Quentin, Haarlem et ailleurs, des horloges merveilleuses de complications dans lesquelles, lorsque l'heure sonne, on voit apparaître différents personnages : Jésus-Christ entouré de ses apôtres, le Temps accompagné de la Jeunesse, de l'Age mûr et de la Vieillesse, etc.[5]

Dans les horloges de bois plus modestes, qui nous arrivent de la Forêt-Noire, ce sont plus ordinairement des soldats défilant, musique en tête, ou un oiseau de bois qui accompagne chaque coup de marteau de son cri monotone coucou, coucou.

Et quel est le moteur de tous ces différents mécanismes ? Un poids, tout simplement un poids qui descend.

Car, pour produire une action, il faut que le poids descende ; un poids immobile n'est plus un moteur, ou du moins pendant ce temps ; aussi ce système a-t-il un grand inconvénient. Lorsque le poids est au haut de sa course, il a une puissance motrice limitée. Lorsqu'il descend, l'effort qu'il exerce est toujours le même ; mais, une fois arrivé à son plus bas point, il s'arrête forcément, sa force est dépensée, et pour qu'il puisse encore produire un travail, il faut qu'un autre moteur étranger à la machine, ordinairement l'horloger, vienne le remonter, sans cela son rôle est terminé et il est immobile pour l'éternité. Il faut ajouter que l'on a dans un grand nombre de cas, remplacé les poids par les ressorts, bien moins gênants et produisant le même effet.

Un ressort est une mince lame d'acier trempé, enroulée en spirale, qui, à mesure qu'elle se détend pour reprendre sa forme primitive, engendre une force mise à profit dans les montres et quelques autres appareils particuliers.

Pour régulariser cette force (car un ressort qui se détend ne développe pas, comme les poids, constamment le même effort, puisqu'une fois qu'il se débande, sa force décroît jusqu'à ce qu'il ait repris sa position première), les

5 Voy. notre livre *Les Merveilles de l'Horlogerie*, I vol. illustré, de la Bibliothèque des Merveilles.

horlogers employaient anciennement la fusée supprimée aujourd'hui, ce qui permet de diminuer beaucoup l'épaisseur des montres.

En mécanique, les ressorts ne sont pas seulement ces petites lames d'acier délicates ; les catapultes et les balistes des Anciens étaient aussi des espèces de ressorts, lançant au loin les pierres, les flèches et le feu grégeois.

Dans l'horlogerie, les ressorts suppriment les balanciers, poids, chaînes, trop encombrants et impossibles à utiliser pour les horloges portatives. C'est grâce aux progrès de l'horlogerie moderne que les dames possèdent d'élégantes montres à remontoir, au lieu des monstrueux oignons d'autrefois.

Puisque nous parlons de moteurs à poids, décrivons deux machines empruntant leur force à ce système.

La première est ce qu'on appelle *barotrope*, ou voiture sans chevaux ; le type le plus commun est la voiture de malade, à leviers ou à pédales, dont le véritable moteur est le poids du conducteur.

Pour mettre cette singulière voiture en marche, on appuie sur les pédales, calées sur un coude de l'arbre des roues. Le mouvement alternatif se transforme, au moyen de la bielle, en mouvement circulaire continu et les roues tournent en faisant par conséquent avancer la voiture (fig. 21).

On obtient la direction en faisant pivoter la roue de devant sur laquelle repose tout le système. On peut ainsi tourner à volonté à droite ou à gauche et dans le rayon voulu.

On a construit des barotropes où, au lieu de pédales, le conducteur de la voiture actionne des leviers agissant de la même façon sur des coudes de l'arbre. Une de ces machines, dirigée par un homme vigoureux, peut parcourir sans peine deux ou trois lieues à l'heure.

Certaines personnes ne possédant pas de chevaux s'en servent à la campagne pour voyager entre des points assez rapprochés; c'est même là la principale utilité de ces voitures dont le véritable moteur est l'homme – un moteur animé.

La force de l'homme peut être d'ailleurs employée de bien des manières différentes ; il peut pousser ou tirer, soit verticalement, soit horizontalement, il peut agir avec ses mains sans se déplacer ; quelquefois il pousse avec ses pieds ; il agit encore en tirant en même temps qu'il marche ; il peut enfin agir par son poids seulement, comme dans les roues à chevilles. La quantité de travail qu'il développe, dans ces diverses circonstances est loin d'être la seule. Il est donc important de savoir de quelle manière sa force doit être employée pour produire la plus grande quantité possible de travail ; cette quantité d'ailleurs est d'autant plus grande que les efforts exercés par ses muscles se rapprochent plus de ceux auxquels ils sont destinés par leur nature.

Fig. 21. — Barotrope ou voiture sans chevaux.

L'expérience a démontré qu'un homme agissant pendant huit heures sur une manivelle, fournissait 172 000 kilogrammètres, ou 6 kilogrammètres par seconde. On a également reconnu que si, au lieu d'utiliser la force musculaire de ses bras, on employait l'homme à monter les échelons d'une roue à chevillés, il produirait dans sa journée un travail de 280 000 kilogrammètres, soit 9 kilogrammètres par seconde. Il est donc très important, de l'avis de tous les mécaniciens, de faire consister le travail de l'homme dans la simple élévation de son corps, toutes les fois que cette élévation peut être employée à la production de l'effet qu'on veut produire.

Ce principe, quelque incontestable qu'il soit, n'a reçu jusqu'à présent que fort peu d'applications ; on ne le voit guère appliqué que dans les roues à chevilles, ces grandes roues dont se servent les carriers pour monter les pierres, et dans certains travaux de terrassements, au moyen d'une grande poulie dans la gorge de laquelle passe une corde qui supporte à chaque extrémité un vaste plateau. L'ouvrier se place dans un des plateaux, tandis que dans l'autre se trouve une quantité de terre dont le poids est un peu inférieur à celui du manoeuvre ; le plateau sur lequel est placé l'homme descend du niveau supérieur au niveau inférieur, et le plateau qui contient la brouette chargée de terre s'élève au contraire du niveau inférieur au niveau supérieur. L'ouvrier remonte ensuite après une échelle et ainsi de suite. De cette manière il fournit encore 9 kilogrammètres par seconde.

Les roues à chevilles et ces plateaux tenant un emplacement considérable, ne pouvaient être utilisés que dans des circonstances très rares ; il manquait donc à l'industrie un appareil simple, peu coûteux, tenant peu de place et permettant l'application des principes que nous venons de développer.

La question paraît avoir été résolue d'une façon très heureuse par M. Gaston Bozérian, au cours de ces dernières années.

Cet appareil, appelé par l'inventeur *baromoteur*, se compose de pédales non plus placées côte à côte, comme dans un autre *baromoteur* inventé par M. Salicis, mais bien l'une devant l'autre, de manière que l'homme se tient dans la position d'une personne montant un escalier. Ces pédales reposent sur trois leviers de même longueur ; la disposition de ces leviers a pour but de maintenir les pédales dans une position toujours horizontale, de sorte que l'homme a le pied constamment à plat et est aussi solide sur l'appareil en question que sur les marches d'un escalier. M. Gaston Bozérian, qui a fait subir à sa machine de nombreuses transformations, avait commencé par donner à ses deux pédales une disposition qui obligeait les deux jambes à décrire le même chemin, mais la jambe de derrière étant obligée de se plier beaucoup plus que celle de devant, supportait seule toute la fatigue. En surélevant la pédale de devant, on a augmenté la flexion de la jambe de devant, en diminuant d'autant celle de la jambe de derrière, et de cette façon, la fatigue se trouve également reportée sur les deux jambes, ce qu'il était essentiel d'obtenir. Une des choses les plus intéressantes dans le *baromoteur* est certainement la disposition de la poignée, qui non seulement donne un maintien à l'homme, mais qui lui permet de faire travailler ses bras en même temps que ses jambes ; de plus, l'homme agit ainsi avec les mains, surtout au moment du point mort ; or, on sait que le point mort est un peu le phylloxera de la mécanique, et que tous les efforts des mécaniciens tendent à le vaincre. M. Gaston Bozérian l'a vaincu cette fois d'une manière très neuve et très originale. Non seulement les deux mouvements ne se contrarient pas, mais ils se complètent l'un par l'autre et le mouvement des mains facilite celui des jambes. L'homme, en reportant le poids de son corps successivement en avant et en arrière, agira sur le vilebrequin, et en pourra transmettre la force produite au moyen d'une courroie qu'il sera facile d'adapter après la poulie.

Un manoeuvre agissant sur le *baromoteur* et devant travailler pendant une demi-heure sans s'arrêter ne doit pas chercher à faire plus de trente tours à la minute. Tous ses muscles agissant en même temps lui permettent de produire une quantité de travail bien supérieure à celle obtenue avec tous les autres appareils employés jusqu'à ce jour. Grâce à l'absence du point mort, un homme peut produire facilement 5 kilogrammètres par tour, ce qui, avec une vitesse de trente tours à la minute, représente un travail de 18 kilogrammètres par seconde, ou un quart de cheval-vapeur, travail qu'il pourra très bien produire sans arrêt pendant une demi heure pour reprendre ensuite, après quelques moments de repos. Il conviendrait peut-être mieux cependant de ne prendre qu'une moyenne de 15 kilogrammètres par seconde pour un travail de 8 heures ; c'est donc le travail de deux hommes et demi, puisqu'un homme avec la manivelle ne produit en moyenne que 6 kilogrammètres par seconde.

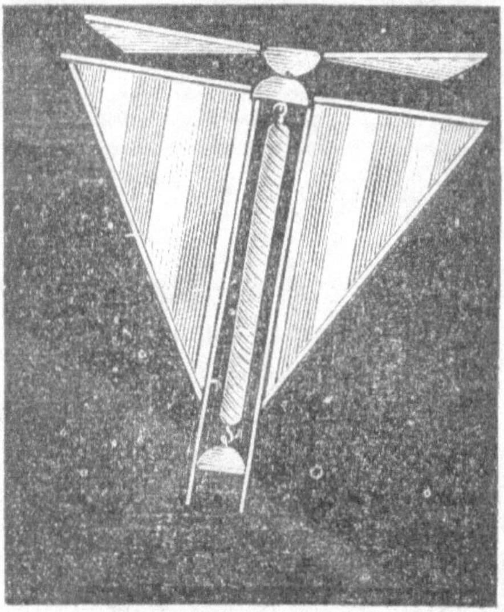

Fig.. 22. — Hélicoptère

Une personne très ingénieuse a eu la pensée d'utiliser la puissance de torsion du caoutchouc comme force motrice. C'est un moteur très léger, mais dont la marche dure à peine quelques instants. M. Pénaud a fait manoeuvrer à l'aide du caoutchouc tordu de très curieux appareils de navigation aérienne : les aéroplanes, les hélicoptères et les oiseaux mécaniques, montant dans l'atmosphère par le jeu d'hélices tournant horizontalement, ou d'ailes légères imitant le mécanisme de l'aile de l'oiseau vivant (fig. 22).

Mais ce sont là plutôt des jouets scientifiques que des applications pratiques d'une force pouvant servir à d'autres usages plus importants.

Fig. 23. — Plan automoteur.

D'après l'inventeur lui-même, le caoutchouc tordu peut produire un mouvement rapide pendant quelques instants, mais il est inapplicable en grand.

Les plans inclinés ou automoteurs sont employés surtout dans les mines, les fouilles pour constructions et les carrières (fig. 23). Dans les plans automoteurs des mines, des wagons sont réunis en trains, au moyen de chaînes, et ils sont placés sur la voie montante. Un câble, attaché au wagon de tête, passe sur une poulie fixée au dernier et plus haut point de la montée, tandis que son extrémité se trouve rattachée au premier wagonnet d'un second train se trouvant sur la voie descendante. Par un système de va-et-vient très compréhensible, quand un train monte l'autre descend, l'un vide, l'autre chargé.

Quant aux plans inclinés et obliques, ils ne servent qu'à faciliter la montée aux animaux moteurs traînant de lourdes charges de terre et de déblais.

Ainsi l'homme tire parti même des forces les plus minimes et les plus insignifiantes. Nous parlions tout-à-l'heure des ressorts ; voici un exemple qui prouve à quels résultats on peut arriver dans la transformation de la matière par l'intelligence :

Une roue de cylindre pour une montre est payée, toute montée, environ cinq francs à l'ouvrier. Ces roues sont si légères, quoique fort ouvragées, qu'un cent ne pèse pas plus d'un gramme. Dans un kilogramme, il y en a donc cent mille soit, à cinq francs pièce, cinq cent mille francs que vaut ce kilogramme d'acier transformé par le travail de l'ouvrier ! Tout n'est donc que relatif ici-bas, puisqu'une livre de métal très ordinaire, vaut plus, une fois manufacturé, que cent kilogrammes d'or pur !

CHAPITRE V
LES MOTEURS A AIR

**La machine atmosphérique. — La machine à air chaud.
Moteurs à air comprimé.**

- I -

La machine atmosphérique

L'honneur revient sans conteste à Papin, pauvre médecin de Blois, d'avoir deviné la théorie du changement de l'eau en vapeur par l'ébullition, et d'avoir construit la première machine à vapeur, que d'autres inventeurs n'ont eu qu'à perfectionner.

Mais n'anticipons pas ; avant l'historique de la machine à vapeur, rendons-nous compte de la machine atmosphérique, son premier germe.

En 1678, Louis XIV voulut, pour l'embellissement de ses jardins de Versailles, élever l'eau de la Seine, et la distribuer dans les magnifiques bassins du parc. Les immenses difficultés de cette entreprise tenaient en haleine l'esprit de tous les mécaniciens français.

Un certain abbé d'Hautefeuille, après avoir songé aux forces naturelles qu'on aurait pu mettre en jeu pour arriver au résultat auquel on tendait, proposa en termes vagues et diffus, de se servir de la poudre à canon pour produire un vide artificiel dans une grande caisse, et par ce moyen élever l'eau qui s'y serait précipitée par l'effet de la raréfaction. Cette idée fut reprise en 1682 par Huyghens de Zulichem, savant hollandais, mais au lieu de n'être employée qu'à élever l'eau, sa machine devait servir à tous les besoins de l'industrie, et devenir le moteur tant cherché. La machine de Huyghens (fig. 24) était formée d'un corps de pompe, dans lequel glissait à frottement doux, un piston formant la partie supérieure du tube. Dans le fond était fixé une sorte de godet que l'on remplissait de poudre, et, dans la paroi du haut, on avait ménagé deux soupapes s'ouvrant du dedans au dehors. Ce cylindre était placé dans une position verticale et vissé sur une sorte de socle. Le piston mobile était relié au moyen d'une corde, passant sur des poulies, supportées par deux piliers en forme de portique, à la masse, au poids à enlever, ou à la machine à faire mouvoir.

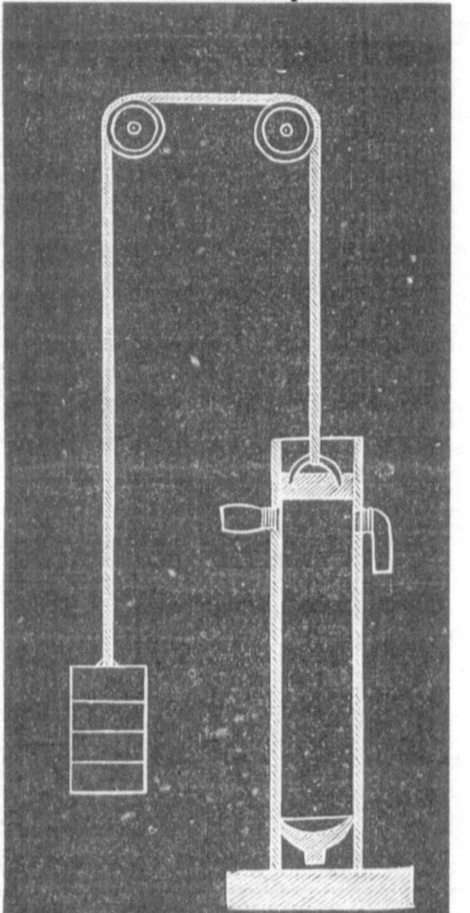

Fig 24. — Machine atmosphérique de Huyghens.

Lorsqu'on allume la poudre, voici le phénomène qui s'opère : les gaz produits instantanément se dilatent par la chaleur développée, et chassent l'air par les soupapes qui se referment instantanément après son expulsion.

Le piston est en même temps poussé jusqu'en haut du corps de pompe. L'air évacué, un vide imparfait s'établit, et permet à l'atmosphère d'appuyer sur la face supérieure du piston, qui, par suite de son poids (1 kil. 33 par cent carré de surface), le fait redescendre. En multipliant la surface du piston par le coefficient 1,33, on a la pression en kilogrammes qu'exerce l'atmosphère sur le piston, et par conséquent le poids que la corde peut enlever.

Papin avait secondé Huyghens dans la construction de sa machine ; il y avait reconnu divers inconvénients, notamment l'emploi de la poudre qu'il fallait changer à tout instant, et le peu de raréfaction de l'air par ce procédé (il en restait environ un cinquième dans le cylindre). Pour remédier à ces imperfections, il proposa dans un mémoire publié dans les « *Actes de Leipsick* » de 1690, d'employer, au lieu de poudre, l'eau réduite en vapeur, puisque la vapeur une fois condensée n'a qu'un volume excessivement restreint et peut produire, par suite, un vide presque parfait dans le corps de pompe, affirmait-il.

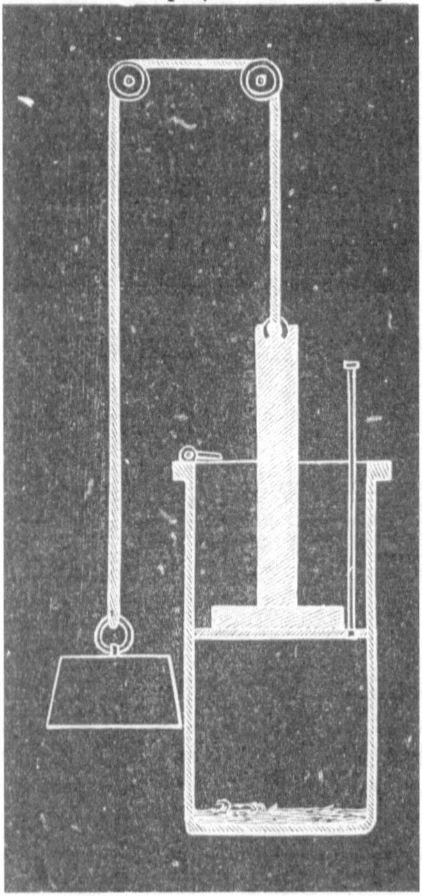

Fig. 25. — Première machine de Papin.

Quelque temps après, le célèbre mécanicien construisit une machine, fort semblable pour la forme extérieure à celle de Huyghens, mais dont le principe différait absolument (fig. 25). Comme la machine à poudre du savant hollandais, celle de Papin avait de grands défauts. La marche en était très lente et très irrégulière par suite du temps considérable que demandait la vapeur pour son refroidissement. Il fallait constamment une personne pour retirer à tout instant le brasier de dessous le corps de pompe et l'y replacer, alimenter d'eau le cylindre, à mesure que cette dernière était réduite en vapeur et surveiller la marche bien imparfaite et bien irrégulière de ce rudimentaire appareil. C'était perdre, d'abord un temps considérable pour attendre le refroidissement et la condensation, ensuite une grande quantité de calorique qui aurait pu être utilisée. Par conséquent, perte de temps et d'argent.

Les imperfections de la machine du docteur Papin n'échappèrent point aux personnes même les moins expérimentées en mécanique. Le savant eut à subir des humiliations sans nombre ; aussi, découragé par l'accueil fait à son invention, Papin — le pauvre grand homme — abandonna l'idée de sa machine atmosphérique, de ce moteur qu'un léger perfectionnement, la condensation instantanée de la vapeur, allait rendre applicable, comme il l'avait rêvé, aux besoins de l'industrie. Ce perfectionnement fut trouvé par le capitaine Savery et appliqué par le même, associé avec Newcomen et Cawley, dans les machines, dites à simple effet, des mines du Devonshire en Angleterre.

Au lieu de retirer le foyer de dessous la chaudière, Savery aspergea le cylindre avec un jet d'eau froide et, procédant ainsi, il obtint des résultats inespérés. Quant à Papin, ce ne fut que longtemps après, environ quinze ans plus tard, qu'il inventa une seconde machine à vapeur, totalement différente de sa première et totalement abandonnée depuis James Watt. Nous la décrirons, en détail, au chapitre traitant des moteurs à vapeur.

Aujourd'hui, on ne parle plus de machines atmosphériques ; d'autres moteurs remplacent bien mieux cette curieuse application de la pesanteur naturelle de l'atmosphère, force trop peu sensible pour être pratiquement utilisée.

Partie II

Les machines à air chaud

Systèmes d'Ericcson, Franchot, Laubereau, Lehmann, Belon, Rider, Bénier.

Les machines atmosphériques ne déployant pas une force assez considérable pour être mise en action dans les moteurs actuels, d'ingénieux inventeurs ont employé l'air d'une autre manière, très originale, qui a donné d'excellents résultats.

Nous voulons parler des premières machines employant véritablement la chaleur proprement dite, produite par une source calorifique quelconque, pour leur marche : les machines à air chaud ne faisant servir la chaleur qu'à échauffer l'air, lequel, par sa dilatation, met en mouvement les organes du mécanisme moteur.

Il est à peine utile de rappeler la théorie des montgolfières ou ballons à air chaud. Ces aérostats s'élèvent dans l'atmosphère parce que l'air qu'ils renferment s'est dilaté sous l'action de la chaleur, et son volume — par conséquent son poids — étant moindre que le poids de l'air déplacé, ils s'élèvent en vertu du principe d'Archimède. On a fait plusieurs applications curieuses de l'air chaud. L'une des plus originales est celle de la rôtissoire automatique, où le poulet, le gigot qui se trouve placé à l'intérieur se cuit tout seul, sans mouvement d'horlogerie, et sans que le cuisinier ou le cordon bleu viennent y jeter un seul regard.

Cette rôtissoire est cylindrique, et à l'intérieur est la coquille où l'on entasse le charbon de bois brûlant. A la partie supérieure se trouve une roue à palettes hélicoïdales, assez semblables pour leur forme extérieure à la roue hélice Girard. Dans l'axe de cette roue est le crochet, la broche, à laquelle on suspend le morceau à rôtir. Lorsque le feu est vif, la viande cuit et l'air chaud renfermé dans la rôtissoire tend à s'échapper par le haut. Or, comme le seul vide gardé est rempli par la petite roue, l'air pousse forcément les palettes et fait

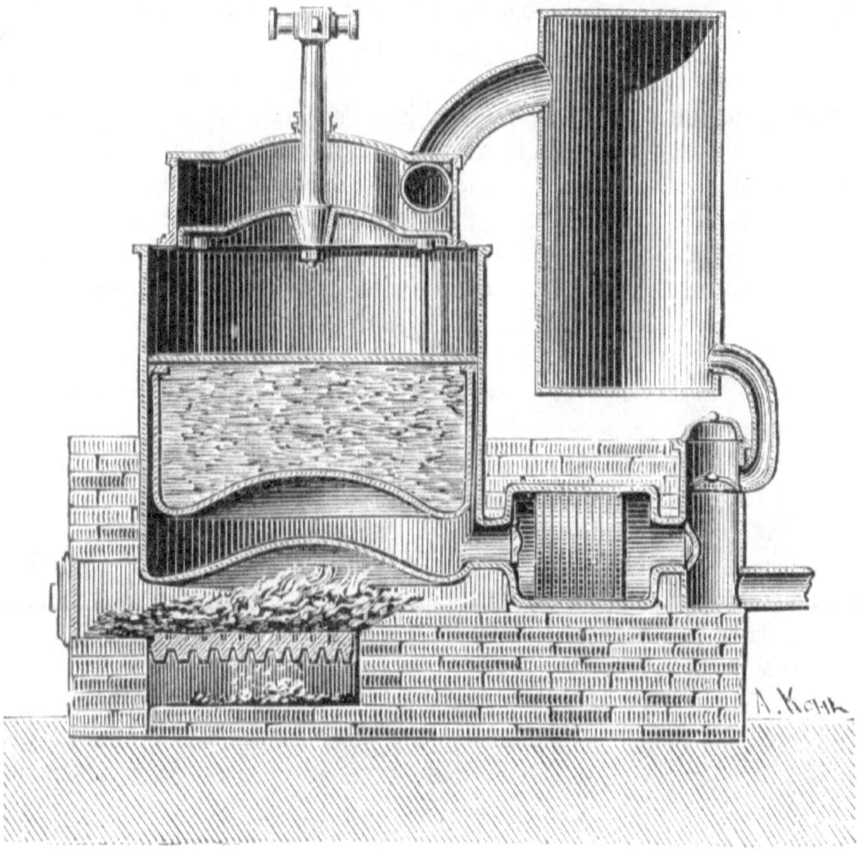

Fig. 26. — Moteur à air chaud d'Ericcson.

par conséquent tourner l'arbre, la broche plutôt, et la viande qu'elle soutient. Plus la chaleur est grande et plus le mouvement de rotation est accéléré.

Dans les machines à air chaud, c'est exactement la même théorie et par conséquent le même fait qui se reproduit.

Il y a plusieurs systèmes de moteurs à air chaud. MM. Franchot, Pascal, Laubereau, Wilcox, Lehmann, Bénier ont suivi à grands pas les traces du capitaine Ericcson, innovateur de cette idée féconde en applications usuelles.

La première machine à air chaud connue fut celle qu'inventa le capitaine Ericcson. En voici la description (voir la fig. 26)

La partie principale de ce moteur est un fort cylindre, dans lequel se trouvent un grand nombre de toiles métalliques, à mailles très serrées, et chauffées jusqu'à la température de 250 degrés. Une masse d'air froid traversant rapidement ces toiles métalliques s'y échauffe instantanément et se dilate aussitôt. L'impulsion produite par la dilatation de cet air est mise à profit pour agir sur un piston, lequel joue dans un corps de pompe. Après avoir produit ce premier effet, la même masse d'air repasse à travers les mêmes toiles métalliques. Dans ce retour le métal reprend à l'air la chaleur qu'il lui avait un moment communiquée ; de telle manière qu'en sortant de cette partie de l'appareil, l'air est presque aussi froid qu'à son premier départ. C'est la répétition de ces effets de dilatation et de contraction alternatives de l'air échauffé et refroidi qui détermine le jeu du piston moteur[6].

Cette machine est à simple effet. La force élastique de l'air ne sert qu'à pousser les pistons de bas en haut ; elle ne contribue en aucune manière à les faire redescendre.

Les pistons descendent par leur propre poids, comme dans les premières machines à vapeur atmosphériques de Savery et Newcomen.

Ce fut la première machine que M. Ericcson construisit. Elle ne réalisa pas, malgré l'espoir de son inventeur, l'économie considérable de combustible attendue. En outre, les toiles métalliques destinées à reprendre à l'air sortant une partie de la chaleur qu'il renfermait, ne donnèrent pas les résultats qu'on avait espérés.

Aussi M. Ericcson a-t-il supprimé ces toiles dans ses nouveaux moteurs à air chaud. Il a changé la disposition du régénérateur, d'une façon très ingénieuse ; le système de transformation du mouvement a été aussi notablement amélioré.

---

6 *Merveilles de la Science*, de Louis Figuier.

On installa, vers 1860, des machines Ericcson sur des navires, pour la propulsion maritime, mais elles ne donnèrent pas les résultats attendus, et la marine américaine ne tarda pas à les abandonner. Ce système eut plus de succès dans les ateliers et manufactures de petite fabrication. Son emploi est maintenant remplacé par celui des moteurs à gaz d'un fonctionnement plus régulier.

La suppression de la chaudière et l'impossibilité absolue de toute explosion rendent la machine Ericcson intéressante à plus d'un titre. Malheureusement ses organes sont nombreux, trop délicats, et son entretien exige des soins trop assidus et dispendieux pour qu'on en obtienne un fonctionnement régulier.

A côté du système Ericcson vient se placer la machine à air chaud de M. Franchot. Cette machine se compose de quatre cylindres chauffés par le bas et formant une série circulaire. C'est toujours la même masse d'air, tour à tour échauffée et refroidie, qui agit dans ces cylindres et produit un travail moteur continu, se communiquant à l'arbre et à la poulie de transmission.

La puissance de cette machine pour des dimensions d'ailleurs égales, est susceptible de varier, si l'on fait usage d'un air plus ou moins comprimé et chaud. Ce système est très simple et a donné de fort bons résultats pratiques.

Il n'en est pas de même de la machine de M. Pascal, de Lyon, machine très économique, mais dont le volume énorme des cylindres rend l'emploi fort difficile pour les usines ne disposant que de peu de place pour le moteur.

La machine à air chaud comprimé de M. Lehmann a les mêmes défauts ; le fourneau est beaucoup trop encombrant ; il est en maçonnerie et muni d'une cheminée en briques comme les générateurs à vapeur.

Sous un petit volume la machine Laubereau, dont nous donnons la reproduction (fig. 27), développe une assez grande puissance motrice ; c'est le moteur à air chaud qui fit espérer les meilleurs résultats pratiques.

Sa construction et, par suite, sa conduite, est simple. Sa dépense de combustible est minime et la rend par là plus accessible, dans un grand nombre de cas, aux industries n'ayant besoin que d'une petite force motrice, ne demandant pas autant de chaleur qu'une machine à vapeur, à puissance égale.

La machine Laubereau se compose de trois parties principales et bien distinctes : le fourneau, le cylindre remplissant l'office de la chaudière, et le mécanisme moteur. Voici comment sa marche s'opère.

Sous le rayonnement intense du foyer, l'air extérieur s'échauffe considérablement dans le grand cylindre. Arrivé à une certaine température il passe dans le second cylindre moteur où, par le jeu de soupapes convenablement disposées, il fait marcher le piston et tourner le volant régulateur. La force de ce petit moteur varie entre 50 et 100 kilogrammètres. Nous verrons au chapitre traitant des machines à vapeur ce que ce terme signifie.

Comme il est toujours plus facile de chauffer économiquement de petites quantités d'eau on conçoit que les machines à vapeur de faible puissance dépensent 5 à 6 kilogrammes de charbon par cheval, tandis qu'une machine à air chaud de puissance égale peut n'en brûler que la moitié. Pour les grandes forces, les machines à air chaud prennent des dimensions considérables, le chauffage devient difficile, impossible même, et les avantages économiques disparaissent.

C'est en 1855, que M. Franchot a fait figurer à l'Exposition univrselle la première machine à air chaud sur le principe de laquelle est fondée la machine de M. Rider. Cette machine, représentée en élévation par la figure 28, se compose d'un cylindre de compression et d'un cylindre moteur, dans lesquels se meuvent des pistons creux, reliés par des bielles et deux manivelles à l'arbre. Le cylindre de compression est maintenu froid par une circulation d'eau, le cylindre moteur est chauffé à sa partie inférieure qui est évidée. La forme des pistons creux a pour but d'obliger l'air qui se trouve dans les cylindres à venir lécher les surfaces de chauffe et de refroidissement, et à se mettre rapidement en équilibre de température avec ces surfaces. Ces deux cylindres sont reliés entre eux sans tiroir de distribution, ni soupape d'aucune sorte, par un tuyau rempli de toiles métalliques jouant ainsi le rôle d'échangeur. Les manivelles des deux

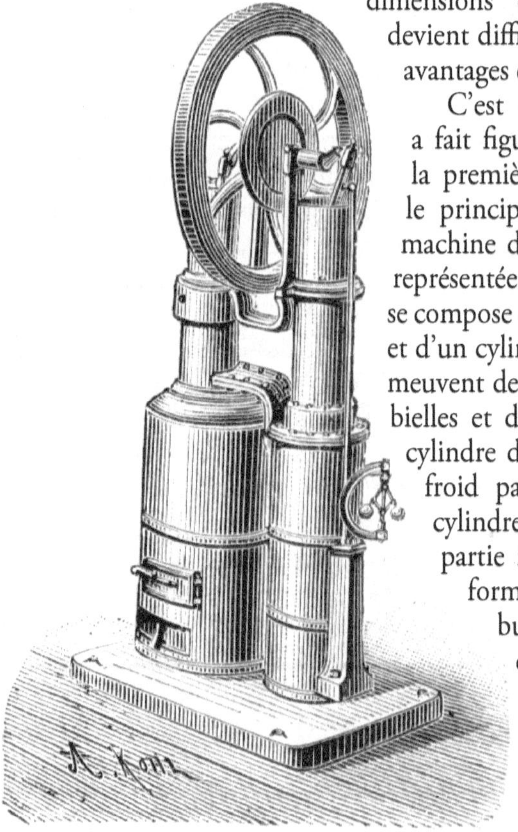

Fig. 28. - Machine de Rider.

Fig. 27. - Machine à air chaud de Laubereau.

pistons sont calées sous un angle avec avance du piston moteur. Il y a toujours le même air dans l'espace vide entre les deux cylindres : une soupape placée sur le côté du cylindre de compression permet l'entrée de la quantité d'air nécessaire au fonctionnement en cas de fuite.

Il est difficile de concevoir une machine plus simple que le moteur de M. Rider ; elle fonctionne sans bruit et avec une grande régularité. Sa place est tout indiquée pour l'élévation de l'eau dans les maisons particulières, l'arrosage des jardins, etc. ; car c'est l'eau élevée elle-même qui sert au refroidissement, on dispose alors le moteur et la pompe sur le même bâti et l'appareil prend le nom de moteur-pompe. Dans la machine de M. Bock, de Vienne, en Autriche, on s'est préoccupé, non pas de mieux utiliser la chaleur fournie par le foyer, mais d'éviter la perte de chaleur considérable qui a lieu par la cheminée et qui est emportée par la fumée dans l'atmosphère, perte qui ne s'abaisse jamais au-dessous de 30 pour 100 de la chaleur totale développée par la combustion du charbon. M. Hock avait été précédé dans cette voie par M. Belou, qui dès l'année 1860 avait construit, sous le nom d'aéromoteur, un appareil fondé exactement sur le même principe.

Dans la machine de M. Belou, le foyer est placé dans une enceinte où règne une pression élevée ; les gaz de combustion sont utilisés comme moteur. Pour cela une machine à cylindre horizontal actionne une pompe à air montée sur la même tige. Cette pompe à air lance l'air dans un conduit débouchant sous le foyer. Une autre partie de l'air comprimé débouche dans la chambre de combustion par un conduit au-dessus du foyer. Le mélange d'air chauffé et d'air brûlé arrive dans un réservoir où s'établit un équilibre de température ; de là l'air arrive par un tuyau dans le cylindre, travaille sur le piston à pleine pression, puis à détente, et est enfin expulsé dans l'atmosphère ou utilisé pour des chauffages d'appareils, étuves, etc, etc.

Le combustible est introduit dans le foyer par une trémie placée au-dessus de la grille et qui communique avec elle par l'intermédiaire d'une chambre d'équilibre fermée par deux tiroirs à la main du chauffeur. On ouvre le tiroir ; on fait tomber la houille dans le compartiment, on ferme alors le tiroir supérieur et on ouvre le tiroir inférieur, la houille tombe sur la grille et le chargement est opéré. Le travail recueilli sur l'arbre est la différence entre le travail dépensé pour comprimer l'air envoyé dans le foyer et le travail rendu par cet air dilaté par la chaleur.

L'appareil ne demande pas d'eau de refroidissement, ce qui le rend très propre aux travaux exécutés en pleine campagne ; pour des applications de cette nature, on le dispose alors sur un chariot, comme une locomobile. Pour obtenir un bon rendement de ces machines il faut que la température de gaz soit très élevée, mais on risque alors de brûler les garnitures. D'autre part, les gaz de la combustion entraînent des cendres et des produits empyreumatiques qui encrassent les parois, augmentent les frottements et finissent par user promptement les surfaces en contact.

Le moteur Bénier (fig. 29), qui a paru pour la première fois en 1886 dans la galerie des Machines à l'Exposition du Travail, et qui est le dernier moteur à air chaud imaginé jusqu'à aujourd'hui, fonctionne avec du coke. La puissance motrice est produite par la dilatation de l'air, obtenu en faisant passer cet air dans un foyer placé dans l'intérieur même du cylindre, directement sous le

Fig. 29. — Machine à air chaud de Bénier.

piston. Une pompe aspire l'air froid et le refoule dans le cylindre. Un tiroir règle cette aspiration et ce refoulement. Une partie de l'air froid, après avoir traversé le tiroir, entre dans le cylindre par sa partie inférieure en traversant le foyer ; les gaz chauds provenant de la combustion remplissent le cylindre après avoir acquis un volume cinq à six fois plus grand que celui de l'air froid introduit. L'autre partie de l'air froid, qui ne traverse pas le foyer, entre dans le cylindre moteur par sa partie supérieure, en remplissant un espace annulaire compris entre le cylindre et la partie inférieure du piston, qui est tourné à un diamètre d'un millimètre plus petit que la partie frottante ; les surfaces frottantes du cylindre et du piston sont ainsi toujours en contact avec de l'air froid non chargé de poussières. Par suite de la disposition du foyer placé dans l'intérieur du cylindre, on évite tous les inconvénients qui rendaient les moteurs à air chaud peu pratiques.

On se rapproche ainsi du mode de fonctionnement du moteur à gaz : dans ces deux moteurs, l'air est dilaté par sa combustion dans le cylindre même. Dans le moteur à gaz, le combustible (gaz d'éclairage, air carburé, etc.) est introduit à l'état gazeux ; clans le moteur à air chaud, le combustible (le coke) est introduit à l'état solide.

Ce nouveau moteur peut remplacer les moteurs à vapeur (fixes ou locomobiles) dans toutes leurs applications, car réunissant les avantages du moteur à gaz (mise en route très prompte, absolument inexplosible, pas de chaudière, pose facile sans aucune autorisation administrative, propreté, etc.), il produit encore, d'après les inventeurs, une force motrice plus économique que le moteur à vapeur.

Le moteur figurant à l'Exposition actionnait une machine dynamo-électrique exigeant une force de 4 chevaux-vapeur, — nous verrons plus loin ce que ce terme signifie — pour assurer l'éclairage électrique de deux globes placés au-dessus de la machine même. Il était conduit par un enfant d'une quinzaine d'années dont tout le travail se bornait à alimenter à espaces réguliers, le foyer du cylindre de coke. La marche de cette machine était très régulière et démontrait victorieusement la possibilité de rendre pratique la production de la force motrice par l'air simplement chauffé.

Partie III

Les moteurs à air comprimé et à air raréfié.

L'application de l'air comprimé comme force motrice est toute récente. Après les machines marchant par l'effet du vide, vinrent les machines marchant par la compression. C'était logique. Pourtant ce ne fut qu'après un intervalle de deux cents ans que la seconde idée, celle de l'air comprimé, vint. La faute en était, il est vrai, aux machines à vapeur qui remplissaient toutes les conditions du problème, du moteur type applicable aux principaux besoins de l'industrie, et qui détournèrent les esprits de la recherche d'une autre force motrice ou d'un autre moteur.

L'air comprimé se comporte dans le mécanisme identiquement de la même façon que la vapeur à égale tension. C'est-à-dire que la somme de travail développée par la vapeur à six atmosphères de pression est la même que celle de l'air comprimé agissant à un nombre égal d'atmosphères. L'action motrice produite étant donc en tous points semblable, on comprend que, à moins de cas particuliers, la construction et le mécanisme du moteur à air comprimé soient les mêmes que ceux d'une machine à vapeur horizontale.

Nous avons décrit au chapitre « *Moteurs employant la force des marées pour leur marche* » une machine dont la véritable force motrice, celle qui actionne le piston, est l'air comprimé par la force de l'eau de la mer montante. L'eau est la force première, mais l'air qu'elle comprime est la force réelle, tangible, celle qui met les organes du moteur en mouvement.

Dans le plus grand nombre de cas on utilise la puissance des chutes d'eau pour la compression de l'air. Pour le percement du tunnel du Saint-Gothard, des turbines mises en mouvement par les chutes d'eau provenant des montagnes, transmettaient leur vitesse de rotation à des pompes foulantes emmagasinant l'air dans de vastes réservoirs de tôle épaisse et solide, ressemblant pour la forme extérieure à une chaudière, à un véritable générateur de vapeur. Ces réservoirs montés sur un châssis ou truck étaient faciles à réunir en trains roulants sur une ligne ferrée. Une fois pleins d'air comprimé à 7 ou 8 atmosphères, on les conduisait à l'endroit désigné du souterrain où, à l'aide de tuyaux de caoutchouc doublés de forte toile, on les mettait en rapport avec les perforatrices et les différents appareils à faire mouvoir (voir la fig. 30).

Ces moteurs ne sont en réalité qu'une variété de machines rotatives, disposition dont nous nous occuperons plus loin. C'est aussi, à peu de chose près, la construction des pompes rotatives très répandues aujourd'hui.

En voici la marche et la construction :

La partie principale de l'appareil, celle sur laquelle agit le fluide moteur est un tambour excentré, fixé sur l'arbre supporté par des paliers. A l'état de repos, la première soupape est ouverte. Lorsque l'on ouvre le robinet de communication avec la chaudière, l'air comprimé pénètre par cette issue et, appuyant sur le tambour, il le pousse et le fait tourner. A peu près au quart de sa course le tambour ne soutenant plus la soupape, celle-ci retombe par l'effet de son poids et la communication étant interdite, la masse d'air déjà entrée achève de travailler.

Aux trois quarts alors de sa course le cylindre soulève une seconde soupape, d'échappement celle-là et, l'air comprimé ayant travaillé, s'échappe au dehors par cette issue.

L'air soumis à une compression de huit ou dix atmosphères peut imprimer au fleuret de la perforatrice une vitesse d'environ trois mille tours à la minute. C'est le nombre de tours ordinaire de la toupie des découpeurs sur bois.

En même temps que l'arbre de la perforatrice, de la haveuse, comme disent les ingénieurs, tourne, le fleuret monté sur une tige avec encliquetage et à crémaillère avance et pénètre dans la roche ou la pierre à creuser.

Lorsque le trou de mine est creusé, on retire le fleuret qu'on dispose devant une autre partie de la roche et on continue l'opération.

Nous citerons encore deux autres applications de l'air comprimé.

La première est celle qui a été faite à Paris à la mise en marche des horloges pneumatiques situées sur les boulevards et dans un grand nombre de maisons

Fig. 30. — Perforatrice à air comprimé.

particulières. C'est à l'autrichien Popp que l'on est redevable de ce système de distribution de l'heure.

L'usine de production de force est située rue Saint-Fargeau, dans le haut de Ménilmontant. Deux machines à vapeur de 300 chevaux de force injectent

Fig. 31. — Moteur Taverdon à air comprimé.

de l'air dans un réservoir au moyen de pompes foulantes. Un moteur à gaz est toujours prêt à suppléer en cas d'accident à la machine à vapeur ; enfin, pour parer à toute éventualité, l'appareillage est en double. Les réservoirs à haute pression sont en rapport, d'une part avec l'horloge régulatrice qui dirige tous les indicateurs horaires du réseau, d'autre part avec la conduite, où règne continuellement une pression de plusieurs atmosphères. Cette conduite aboutit à la rue Sainte-Anne. Sur tout son parcours on a pratiqué des saignées, de façon à ce que cet air comprimé puisse être utilisé par les industriels ayant besoin de force motrice.

Les moteurs sont installés à domicile par les soins de la Société ; leur fonctionnement est à peu près identique à celui des machines à vapeur ordinaires, leur force varie de 5 kilogrammètres à plusieurs chevaux-vapeur. Un grand nombre de cafés, de maisons de commerce et même de théâtres utilisent ces moteurs pour la production de la lumière électrique, et ils ont ainsi une force motrice idéale, produite sans bruit, sans danger et sans encrassement, ce qui n'est pas à dédaigner.

Une autre application des moteurs à air comprimé est celle qui en a été faite par M. Mékarski à la propulsion des tramways de Nantes et de Nogent-sur-Marne. L'air est emmagasiné dans de forts cylindres placés sous la voiture, à l'aide de pompes foulantes mues à poste fixe par une machine à vapeur, et cette provision est suffisante pour permettre au tramway d'accomplir son long voyage d'aller et retour. Le mécanisme moteur est composé de deux pistons entourés de réchauffeurs.

Mais nous ne devons pas passer dans ce chapitre les moteurs à air raréfié, dont la première édition de ce volume avait omis de parler, et dont les premiers modèles furent construits il y a quelques années par M. Tatin. Aujourd'hui il existe même tout un système de distribution à peu près semblable à celui de Popp, que nous venons d'étudier. Seulement, au lieu de travailler à comprimer de l'air dans la conduite, comme cela s'opère rue Saint-Fargeau, les machines à vapeur de l'usine centrale travaillent à faire le vide, et c'est l'atmosphère qui, appuyant de tout son poids sur la face du piston, produit son mouvement de va-et-vient dans son cylindre.

Les machines aspirantes, installées à l'usine centrale, sont munies de régulateurs spéciaux mus par la pression même de l'air contenu dans la canalisation.

Un appareil enregistreur indique le nombre de tours faits par la machine motrice pendant un mois ou une décade, et permet de comparer ce nombre de tours avec la recette opérée pendant la même période, cette recette étant proportionnelle, pour chaque moteur placé chez les abonnés, au nombre de tours que fait ce moteur.

Cet appareil permet ensuite, au moyen d'un relevé graphique journalier, de connaître le nombre de tours faits par la machine aspirante aux différentes heures de la journée. On se rend ainsi compte des moments du jour auxquels la clientèle travaille le plus ou le moins.

Les machines motrices font le vide dans deux réservoirs auxquels aboutit la canalisation.

Les machines réceptrices ou moteurs installés chez les abonnés sont de différents types. Les meilleurs, auxquels on s'est arrêté depuis un certain temps, sont ceux de 50 à 100 kilogrammètres.

Dans ces forces, le type adopté est un moteur à fourreau, représenté à gauche de notre gravure.

On vient tout récemment de substituer à la distribution primitive par cames, une distribution par tiroirs, plus douce et plus silencieuse, et ces moteurs fonctionnent aujourd'hui avec une régularité parfaite.

Chaque moteur porte un compteur de tours pouvant compter jusqu'à 10 millions.

Comme pour chaque type de moteurs, la force dépensée est proportionnelle au nombre de tours, il en résulte un procédé fort simple pour établir le compte des abonnés. Sur chaque quittance est portée une somme fixe pour la location et l'entretien du moteur, qui est installé chez le client sans que celui-ci ait à faire la dépense d'achat. Notre dessin (fig. 32) représente l'atelier d'un abonné à la distribution de la force.

C'est celui d'un tourneur en bois qui travaille aussi l'ébène et le celluloïd, et fabrique des manches de couteaux, de plumeaux, d'écrans, d'ombrelles, etc.

Un moteur de 50 kilogrammètres placé dans un coin de l'atelier, à l'endroit le plus commode, suffit à donner le mouvement à trois arbres parallèles, qui commandent chacun trois ou quatre outils.

La clientèle actuelle de la Société comprend : des *formiers* ou fabricants de formes à chapeaux, des *chapeliers* proprement dits, des *couturières*, des *corsetières*, des *tourneurs* en bois et en cuivre, des *orfèvres*, des *graveurs*, des *scieurs* en bois et métaux, des fabricants de *peignes*, de *brosses*, de *boîtes à bonbons*, des *cartonniers*, etc.

C'est également l'air, tour à tour raréfié et comprimé, qui met en mouvement à Londres le wagon cylindrique du tunnel souterrain de la Tamise. Pour l'aller, l'air chassé par un puissant ventilateur, mû par une machine à vapeur, refoule l'air et pousse le wagon-disque, où se tiennent les voyageurs.

Pour le retour, la machine et le ventilateur tournent, marche en arrière, l'air est aspiré, et en même temps que lui le wagon, lequel est repoussé par la pression extérieure.

A Paris, le même système est employé pour la télégraphie pneumatique. L'air, comprimé par l'eau dans de grands cylindres ou réservoirs, appuie sur le

Fig. 32. — Moteur à air raréfié actionnant les outils d'un atelier.

wagon contenant les lettres, les envoie jusqu'à l'extrémité du tube et fait ainsi correspondre tous les bureaux ensemble.

Nous avons vu que l'air comprimé est la force motrice des perforatrices. Au tunnel du Gothard, on s'est servi de la locomotive Ribourt, combinaison fort ingénieuse de l'air fortement comprimé et des pistons ordinaires.

Le mécanisme moteur de cette locomotive n'offre rien de particulier. Seulement, à la place de la chaudière fixée sur le châssis, se trouve un réservoir cylindrique en tôle d'acier, d'un volume considérable, et dans lequel on emmagasine l'air à la plus forte pression possible.

Les compresseurs, donnant une marche fort défectueuse à partir de 7 atmosphères, on leur fait aspirer de l'air à cette dernière pression et refouler, dans le récipient de la locomotive à une pression double, environ 14 ou 15 atmosphères. L'air agit sur les pistons de la même façon que la vapeur, plus énergiquement même, puisque sa pression est plus considérable, et les pertes sont moins grandes dans ce cas que dans beaucoup d'autres applications.

Le tableau comparatif qui suit, établit ces proportions d'une manière exacte, d'après le rendement en travail de l'air comprimé dans ses différents usages. La force motrice première est fournie par une chute d'eau. Voici ce rendement sur 100 parties de travail, dépensées par la chute.

Compresseurs	Perforatrices	Syst. Ribourt	Syst. Mékarski
10 pour 100	4/6 pour 100	25 pour 100	32 pour 100

Ce tableau démontre clairement le cas dans lequel le travail se perd le moins.

M. Pecqueur, mécanicien français, bien connu par ses travaux sur l'air comprimé proposa, au lieu de comprimer l'air dans un réservoir servant de chaudière comme dans le système précédent, ou de l'emmagasiner dans le tender comme l'avait imaginé M. Andraud, d'établir un tube couché parallèlement à la voie, et duquel l'air serait retiré au moyen d'un tube partant de la locomotive. Mais ce projet, beaucoup trop compliqué pour avoir de bons résultats, fut peu après abandonné par l'inventeur lui-même.

Une sérieuse application de l'air comprimé à la locomotion est celle qui a été faite en 1844 dans le but de faire remonter aux trains l'énorme rampe qui s'étend entre le bois du Vésinet et Saint-Germain. Voici quel était le moyen mis en oeuvre par l'innovateur, M. Mallet.

Au sommet de la montée, à Saint-Germain, étaient établies à demeure deux machines à vapeur de 200 chevaux de force chacune, agissant sur une immense roue dentée transmettant à son tour le mouvement à deux puissantes pompes aspirantes, destinées à faire le vide dans un immense tube de fer partant du point inférieur de la rampe. Dans l'intérieur de ce tuyau glissait à frottement doux un piston qu'une tige au couteau reliait un wagon-directeur chargé de remorquer jusqu'à la station le train arrivant de Paris.

Une fente était pratiquée pour le passage du couteau d'un bout à l'autre du tube et, pour éviter les déperditions de force, cette fente était recouverte d'une bande de cuir huilée et garnie de mastic. Cette bande se soulevait au passage du couteau et, après son passage, elle reprenait sa place par la pression exercée par une roue en bois fixée sous la locomotive.

Cette manière de procéder, qui rappelle du tout au tout celle employée pour la marche du wagon-disque à Londres, avait quelques avantages, mais, en revanche, beaucoup d'inconvénients. L'ascension du train se faisait, il est vrai, en quelques instants mais, une fois cet effort accompli, les machines à vapeur se reposaient et brûlaient sans profit leur combustible en attendant que le train fût redescendu pour travailler à nouveau.

C'était fort peu économique, car c'était à peine si ces machines travaillaient dix minutes par jour. De plus il avait fallu opérer de grands travaux de construction pour l'aménagement des voies.

Ainsi, pour établir ce chemin de fer dont le trajet était de deux kilomètres et demi à peine, la dépense s'éleva à six millions. Peu de temps après, en 1847, ce procédé onéreux fut supprimé, et le wagon-piston à air comprimé remplacé par la locomotive de montagne l'Antée, à trois roues couplées.

CHAPITRE VI
MOTEURS A VAPEUR

Genèse. — Machines depuis S. de Caux. — James Watt. — Organes des moteurs. — Les machines modernes, horizontales, verticales, rotatives. — Moteur à petite puissance. — Comment on conduit une locomotive. — Des explosions. — Applications de la vapeur. — Divers modes d'emploi de la vapeur.

- I -

Genèse des machines à vapeur

L'Éolipyle.

Nous arrivons ici à la partie à la fois la plus importante et la plus intéressante de cette étude. Les moteurs à vapeur sont aujourd'hui les plus communs et, malgré la multiplicité des types, ceux dont le mécanisme et le fonctionnement sont les plus simples et les plus sûrs. L'invention de la machine à vapeur a accompli une révolution radicale dans toutes les industries, en permettant d'abaisser le prix de la main-d'œuvre, tout en augmentant le salaire de l'ouvrier, ce qui a mis à la portée des classes pauvres et laborieuses une foule d'objets, de luxe autrefois, de première utilité maintenant. C'est à la machine à vapeur que nous devons de franchir l'espace avec la vitesse du vent. C'est à elle que nous devons nos vêtements, nos chaussures même, car c'est elle qui fournit le mouvement aux foulons écrasant la laine, et aux machines à coudre l'étoffe ou le cuir. C'est elle aussi qui met en marche toutes ces machines si diverses, triturant l'argile pour en faire des briques, mélangeant la lessive et le suif pour en fabriquer des savons, actionnant les machines à percer le fer, et les raboteuses qui enlèvent, avec leur robuste burin, un copeau de trois centimètres d'épaisseur sur plusieurs mètres de longueur. En un mot, qu'on aille dans quelque atelier, manufacture ou usine que ce soit, on y trouvera, comme premier outil, comme machine indispensable, le moteur à vapeur, ce chef-d'oeuvre de la mécanique moderne.

C'est en vain que quelques auteurs ont cherché, dans l'antiquité, la première idée de l'application de la vapeur d'eau comme force motrice. Les traditions

Fig. 33. — Éolipyle.

de la Grèce et de Rome ne portent aucunement mention de la vapeur comme corps connu, et ce n'est que du temps de Papin qu'on découvrit la puissance élastique considérable de l'eau réduite en air comme on disait alors.

Ce fut le mathématicien Héron d'Alexandrie, le même qui inventa la fontaine de compression et le siphon, qui construisit le premier appareil empruntant sa force de rotation à la vapeur d'eau. Le philosophe grec décrivit cet appareil sans soupçonner quel devait être son avenir, sans connaître même quel était l'agent de propulsion, l'agent moteur. Pour lui c'était un joujou, ni plus ni moins que ses automates, dansant en rond, et qu'il avait inventés quelque temps auparavant.

Voici comment était là disposition de cette curieuse machine, d'après le document authentique du savant Grec :

> « Soit A (fig. 33) une marmite contenant de l'eau et soumise à l'action de la chaleur. On la ferme au moyen d'un couvercle que traverse le tube courbé, dont l'extrémité pénètre dans la petite sphère creuse, suivant un diamètre. A l'autre extrémité du même diamètre est placé le pivot qui est fixé sur le couvercle au moyen de la tige pleine. De la sphère sortent deux tubes placés suivant un diamètre (à angle droit sur le premier) et recourbés à angle droit, en sens inverse l'un de l'autre. Lorsque la marmite sera échauffée, la vapeur passera par le tube droit dans la sphère, et, sortant par les tubes infléchis à angle droit, fera tourner la sphère de la même manière que les automates qui dansent en rond. »

Tel était l'appareil qui devait, après tant de siècles, se changer en moteur à vapeur, la plus merveilleuse invention des temps modernes.

Lorsque vivait le philosophe d'Alexandrie et même bien longtemps ensuite, la vapeur d'eau et la force qu'elle recelait demeurèrent ignorées. Robert Boyle, physicien célèbre, contemporain de Papin, ne la connaissait pas encore, puisqu'il ne mentionne sur ce point que la transformation, par la chaleur, de l'eau en air, sans en dire davantage.

L'éolipyle fut donc la première machine à vapeur digne de ce nom dont la description soit venue jusqu'à nous. Depuis Héron jusqu'à Salomon de Caux, la science des moteurs n'avança pas. Elle resta stationnaire, et il faut arriver à l'an 1650 avant d'en retrouver une trace.

Partie II

Les machines à vapeur

De Papin, Salomon de Caux, Newcomen, Cawley, Savery.

Salomon de Caux était à la fois ingénieur et architecte et, quoiqu'il n'ait rien fait pour cela, il a passé pour être le véritable inventeur de la machine à vapeur. Beaucoup de personnes croient encore aujourd'hui que ce savant a été méconnu, humilié, persécuté même, et est mort en prison, victime de sa noble folie de recherches et de la disgrâce du cardinal de Richelieu. Il n'en est point ainsi et, quoique ce conte ait été mainte et mainte fois reproduit par la plume ou le pinceau, il n'en est pas moins une oeuvre de simple imagination[7].

Salomon de Caux, né en 1576, était ingénieur du roi Louis XIII. Après avoir longtemps voyagé, il s'était fixé à Paris où ce fut, vers 1620, qu'il publia son ouvrage, *Les Raisons des Forces mouvantes*, dans lequel se trouvent le passage relatif à l'emploi de la vapeur d'eau, et la description de son appareil tant vanté, sur lequel on a fait reposer sa gloire.

Dans cette machine, représentée figure 34, l'eau à vaporiser était contenue dans un récipient sphérique A. Si, lorsque l'eau entrait en ébullition, on ouvrait le robinet B placé en haut de la sphère, elle s'échappait par le tuyau. Il

---

7 C'est en prenant au pied de la lettre un roman de M. Henry Berthoud, que l'idée de la folie et de la mort de Salomon de Caux s'est propagée et répandue dans le public.

n'avait inventé cet appareil que pour servir aux épuisements, en produisant, en quelque sorte, un vide artificiel.

Ce n'était donc pas, à proprement parler, une machine à vapeur, puisque l'inventeur lui-même ne connaissait pas la vapeur.

Le modeste ingénieur mourut en 1625, en pleine activité de service, et son nom serait moins célèbre, s'il n'avait servi aux fictions d'un romancier.

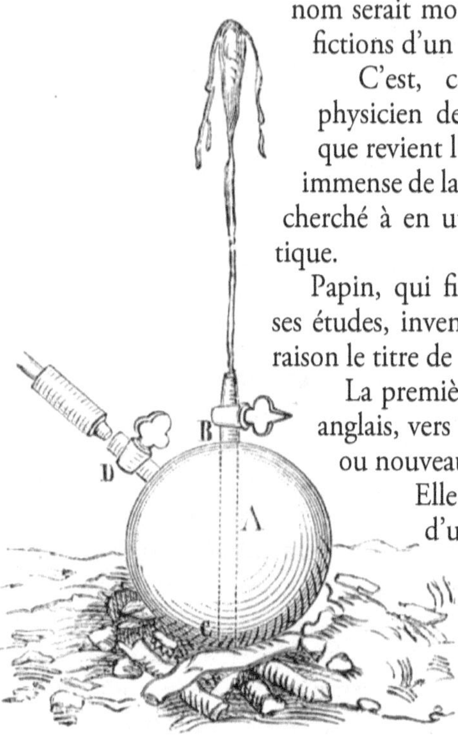

Fig. 34. — Machine de Salomon de Caux.

C'est, comme nous l'avons dit, au physicien de Blois, notre immortel Papin, que revient l'honneur d'avoir compris le rôle immense de la vapeur dans la nature, et d'avoir cherché à en utiliser la prodigieuse force élastique.

Papin, qui fit de la vapeur d'eau le but de ses études, inventa trois machines, portant avec raison le titre de machines à vapeur.

La première, dont la description parut en anglais, vers 1621, s'appelait le *New Digester* ou nouveau digesteur (voir fig. 35).

Elle se composait essentiellement d'un vase, d'une marmite, en quelque sorte, où l'eau se trouvait renfermée. Par l'action du brasier, placé pardessous, l'eau s'échauffait, entrait en ébullition et, par la chaleur considérable de la vapeur qu'elle dégageait, elle dissolvait et séparait la gélatine des os. A vrai dire, ce n'était pas encore là une machine à vapeur, quoique ce fût dans cet appareil que l'on utilisa, pour la première fois, l'instrument appelé soupape de sûreté et que l'on trouve dans toutes les machines comme moyen préventif des explosions.

La seconde machine du célèbre mécanicien est sa meilleure, celle où s'est montré son génie primesautier et indépendant. Elle se composait, on le sait, d'un long cylindre ouvert à un bout, et dans lequel glissait, à frottement doux, un piston. On étendait une couche d'eau dans le fond de ce cylindre et on exposait ce dernier au rayonnement d'un brasier quelconque. L'eau se transformait en vapeur, qui poussait le piston à l'extrémité du corps de pompe et, une fois condensée, produisait un vide qui le faisait redescendre (voir la figure 35.) Ce n'était que le perfectionnement de celle de Huyghens, et pourtant le germe du moteur à vapeur moderne moins la condensation instantanée, progrès accompli par Newcomen et Cawley, dignes successeurs du grand mécanicien français.

La troisième machine à vapeur de Papin différait absolument de la seconde. La chaudière était fixée à demeure sur un fourneau en briques et la vapeur était fournie par l'eau de cette chaudière (voir fig. 36). Newcomen, Cawley et Savery copièrent cette disposition, en ajoutant la soupape de sûreté employée par Papin dans son nouveau digesteur, et les robinets de jauge pour s'assurer de la hauteur de l'eau.

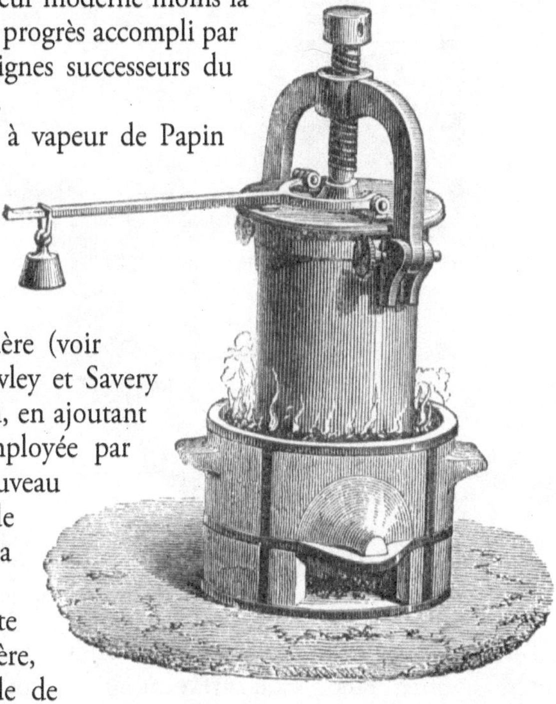

Fig. 35. — Le « *New Digester* » du docteur Papin.

La vapeur, produite par l'eau de la chaudière, appuyait sur une rondelle de bois mobile dans un cylindre où l'on introduisait de l'eau. En chassant cette rondelle, la vapeur refoulait cette eau par un tube venant en dessous et, lorsqu'on ouvrait un robinet qui terminait ce tube, l'eau, violemment chassée, tombait sur une roue hydraulique et la faisait tourner avec une certaine rapidité, pendant tout le temps qu'il y avait de l'eau dans la chaudière et dans le cylindre. Le manque d'eau entraînait alors forcément une interruption de travail, pendant le temps qu'il fallait pour remplir à nouveau de liquide la chaudière.

Ce système était fort imparfait, comme on le voit ; aussi fut-il abandonné dans la suite par son inventeur même, qui en revint à sa seconde machine.

Papin avait deviné la machine à vapeur en construisant ses appareils, mais il ne lui fut pas donné d'aller plus loin dans la voie de ces admirables découvertes Il était réservé à des Anglais, le capitaine Savery, Newcomen et Cawley, de construire les premières machines à vapeur, véritablement dignes de ce nom, et qui donnèrent une marche à peu près régulière.

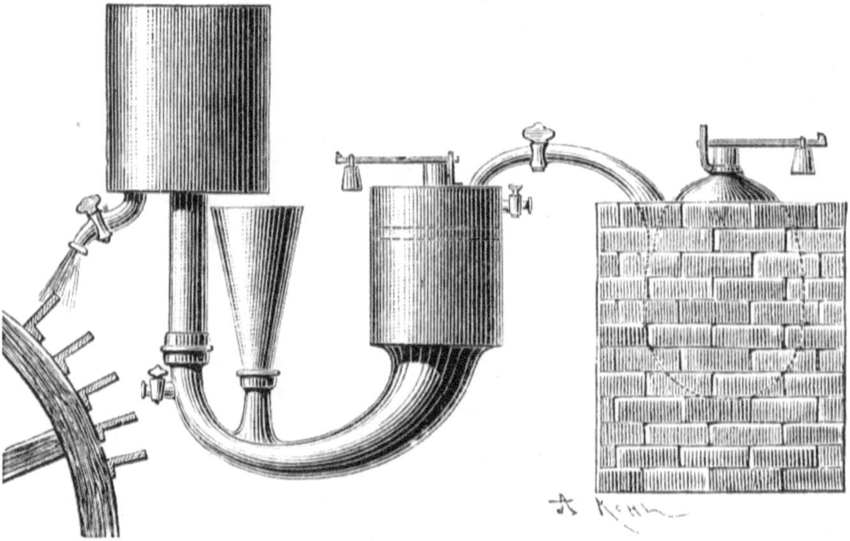

Fig. 36. — Troisième machine à vapeur de Papin.

Papin mourut pauvre, après avoir langui pendant longtemps, dans la misère, hors de France, d'où la révocation de l'édit de Nantes l'avait exilé. On ne connaît même pas l'époque exacte de sa mort et l'endroit où reposent ses cendres.

Ce fut en 1698, du vivant de Papin, que Savery demanda un brevet pour l'exploitation de sa machine à élever l'eau et qu'il la fit fonctionner devant la Société royale de Londres.

Voici la description de cet appareil, que le capitaine Savery prétendit – chose difficile à croire – avoir inventé seul, sans avoir eu aucunement connaissance des travaux de son prédécesseur Papin (fig. 37).

La vapeur, fournie par la chaudière B, arrive, en traversant le tuyau C, dans l'intérieur du vase métallique S. Elle presse l'eau contenue dans ce cylindre et, par sa force élastique, la refoule dans le tube A, en soulevant la soupape B, qui se ferme de bas en haut. Par suite de cette disposition très simple,

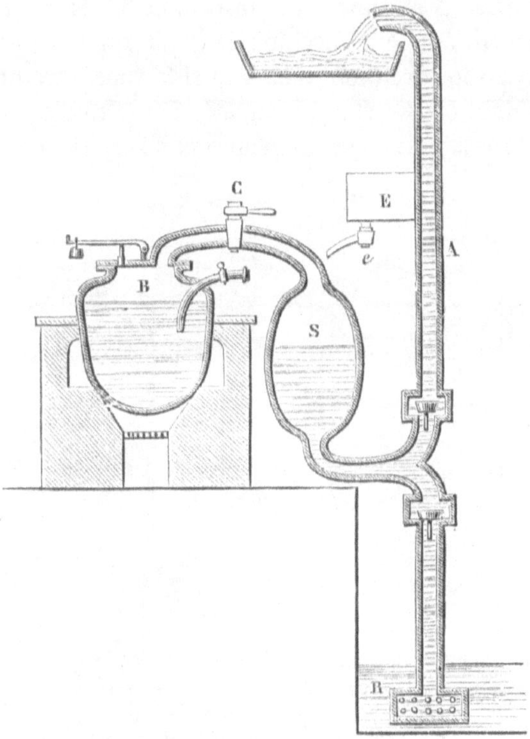

Fig. 37. — Machine de Savery.

l'eau jaillit par l'extrémité supérieure du tube et s'écoule au-dehors. Lorsque le vase S s'est vidé de cette manière, on ferme le robinet C pour intercepter la communication avec la chaudière et, ouvrant le robinet D, on fait arriver un courant d'eau continu, du réservoir E. La vapeur contenue dans le vase S se trouve ainsi subitement condensée. Le vide se trouvant ainsi produit, par l'effet de la pression atmosphérique, l'eau monte et remplit ce vase. Si l'on fait alors, en ouvrant le robinet C, arriver un nouveau jet de vapeur dans le cylindre, il appuie sur l'eau et, la soupape A s'ouvrant et la soupape B se refermant, l'eau est refoulée dans le tube A jusqu'à une hauteur de 55 pieds (17,25 m) et ainsi de suite.

Mais construite sur un principe vicieux, la machine de Savery ne pouvait pas donner de bons résultats.

Ainsi, pour le bon fonctionnement de cette machine, il fallait refroidir et condenser la vapeur pour l'aspiration, tandis que le refoulement ne s'opérait qu'à condition d'échauffer l'eau. Par conséquent, il fallait perdre énormément de vapeur, donc un calorique précieux, l'âme de la machine.

La machine à vapeur de Newcomen et Cawley était meilleure, et dans la pratique elle donna des résultats inespérés. Ce fut pendant longtemps la seule employée pour l'épuisement de l'eau dans les mines, et c'est en la perfectionnant que Watt créa un véritable moteur applicable à un nombre incalculable d'usages différents.

Newcomen et Cawley étaient deux ouvriers de Darmouth en Angleterre. L'un était serrurier et l'autre vitrier. Newcomen était instruit et éclairé, et ce fut après avoir consciencieusement étudié la machine de Papin qu'il se mit à construire un petit modèle de son invention, dans lequel la vapeur ayant poussé le piston jusqu'au haut de sa course, était instantanément refroidie par l'effet d'un courant d'eau froide aspergeant à ce moment précis l'extérieur du cylindre (fig. 38).

Mais Savery qui employait le même système pour la condensation immédiate de la vapeur, empêcha Newcomen et Cawley de prendre une patente et les menaça d'un procès. Que firent les deux inventeurs ? Ils s'associèrent avec Savery et ce fut ensemble qu'ils construisirent une machine dont la marche, quoique lente, était assez régulière. Les propriétaires de mines se hâtèrent alors de l'utiliser pour l'épuisement de l'eau, l'emploi de ce moteur étant moins coûteux que celui des chevaux.

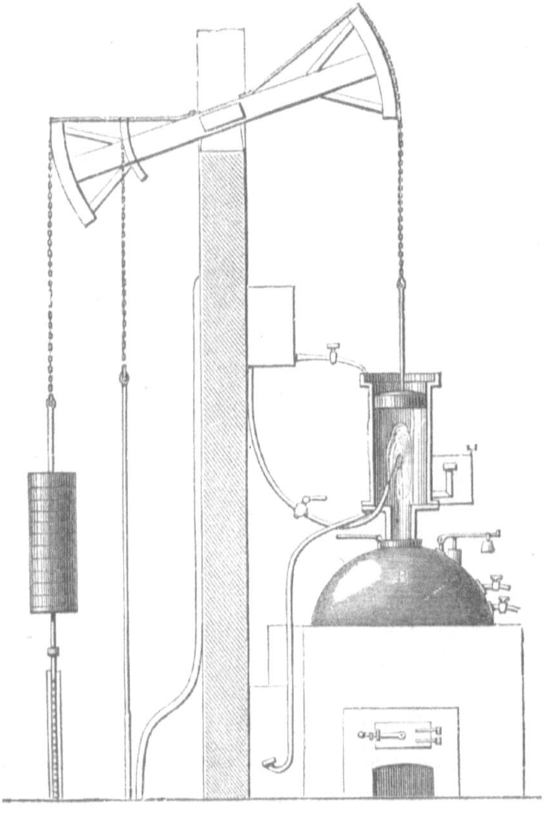

Fig. 38. — Machine de Newcomen.

Ce fut au hasard seul que les inventeurs durent d'ajouter un perfectionnement capital à leur machine. Jusqu'alors on s'était borné, pour la condensation de la vapeur, à faire couler sur les parois du cylindre un filet d'eau froide. Or, un jour, les associés étant réunis, ils s'aperçurent que le balancier donnait un nombre de coups inusité à la minute. Après en avoir cherché la cause, ils virent que le piston était percé en plusieurs places de trous imperceptibles, et que de l'eau froide tombant par ces interstices dans le sein de la vapeur, la condensait instantanément. Au lieu alors de ne refroidir que la surface extérieure du cylindre moteur, ils lancèrent au moyen d'un robinet à pomme une pluie fine d'eau dans la masse de vapeur et ils obtinrent une marche, sinon rapide, au moins bien accélérée.

Seulement, pour le bon fonctionnement de l'appareil de Newcomen, il fallait constamment une personne pour ouvrir et fermer les robinets d'introduction de vapeur et d'eau de condensation. Ce fut un enfant qui, par un trait, un éclair de génie, supprima cette sujétion, en ne songeant pourtant qu'à s'épargner à lui seulement, et pour un moment, cette besogne pénible et ennuyeuse.

Chacun sait comment Humphry Potter eut cette idée. Il était chargé de cette tâche fastidieuse dans une mine d'Angleterre. Les cris joyeux de ces camarades jouant à cinquante pas de lui, en dehors de l'atelier, retentissaient à ses oreilles, et il brûlait de l'envie d'aller les rejoindre. Mais son travail l'en empêche. Il doit rester à son poste. Alors, pour la première fois, il remarque ces choses auxquelles on n'avait jamais prêté d'attention. Il s'aperçoit que les positions des robinets et du balancier sont en corrélation intime et que, quand le balancier commence sa course, un robinet doit s'ouvrir et, lorsqu'il la finit, ce dernier doit se fermer. Au moyen donc de deux ficelles attachées à des points déterminés du balancier, il voit les robinets s'ouvrir et se fermer automatiquement sans son aide et au moment voulu. Enchanté alors de son idée, ce paresseux de génie abandonne sa machine, marchant maintenant toute seule, et il va rejoindre ses camarades sans se soucier, se douter même, du pas immense qu'il a fait faire à la machine à vapeur.

Ainsi agencée, la machine à vapeur était d'une conduite peu fatigante, et elle fut employée pendant longtemps de cette façon dans les mines de charbon de terre de la vieille Angleterre. Ce ne fut qu'en 1765 que le célèbre mécanicien James Watt la transforma d'une manière radicale, et changea ses organes de la manière la plus économique et la meilleure.

Partie III

WATT et ses successeurs

James Watt, l'un des plus grands ingénieurs dont l'Angleterre s'honore, et à juste titre, naquit en 1736 à Greenock, petite ville d'Écosse, d'une ancienne et honorable famille ruinée par de mauvaises spéculations commerciales. Dès son enfance, il montra des dispositions extraordinaires que le manque absolu de fortune de ses parents l'empêcha de cultiver. Il fut mis en apprentissage à l'âge de seize ans chez un modeste fabricant où il apprit à construire de petites pièces mécaniques : des compas, des appareils de physique et de mathématiques. Dans cette humble position, il travailla avec énergie. Il suivit les cours professés à cette époque par Joseph Black, se perfectionna dans son métier, et en 1763 il ouvrit une petite boutique de constructeur dans un local dépendant de l'Université de Glascow. C'était là qu'attirée par l'esprit, les solides connaissances et les brillantes qualités du jeune mécanicien, se réunissait la haute société des gens les plus instruits de la ville. Un contemporain de Watt, le docteur Robinson, cite des exemples de l'intelligence rare du célèbre inventeur.

> « Ayant besoin, dit-il, de connaître l'ouvrage de Leupolds sur les machines, il apprit aussitôt l'allemand pour pouvoir le lire, et ce fut de la même façon qu'il apprit la langue italienne. A chaque question, Watt avait une réponse, sur quelque objet que ce fût. Son esprit était une véritable encyclopédie que l'on pouvait toujours consulter. Ses manières affables, le charme de sa conversation lui attiraient les sympathies. »

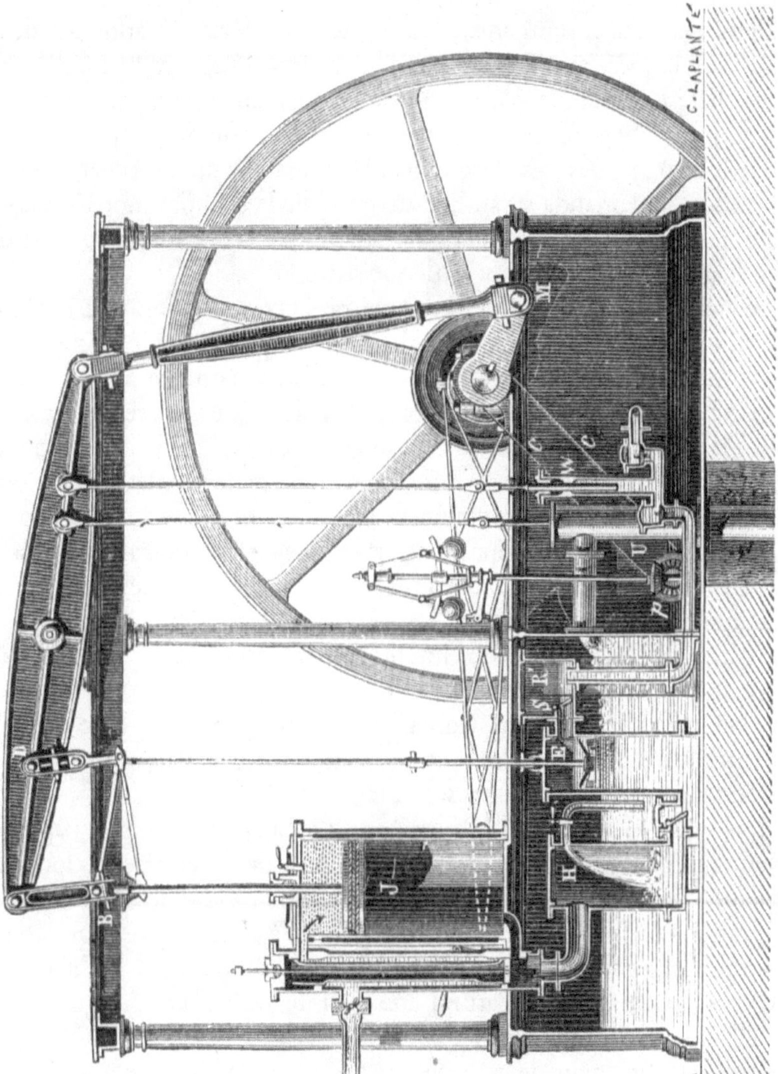

Fig. 39. — Machine de Watt.

Jusque-là Watt ne s'était pas spécialement occupé de la vapeur ; ce fut dans le courant de l'hiver de 1763 qu'il se trouva amené à en faire le sujet de ses études.

A ce moment déjà, pour mieux inculquer aux élèves les principes de la mécanique appliquée, on avait doté les Universités et collèges de modèles de machines. Un professeur de l'Université de Glascow envoya un petit spécimen de la machine de Newcomen au jeune constructeur, afin de la réparer, car ce modèle n'avait pu jamais fonctionner régulièrement. Watt, en recherchant les imperfections, se demanda si, au lieu de refroidir le cylindre moteur même, on ne pourrait pas opérer la condensation dans un récepteur à part, séparé du cylindre et ne communiquant avec lui que par un tube.

On conçoit en effet que si, au moment où le corps de pompe est rempli de vapeur, on ouvre tout à coup une issue à cette vapeur, à l'aide d'un robinet qui lui donne accès dans un vase continuellement entretenu à une basse température par un courant d'eau froide, toute la vapeur se précipitera dans l'intérieur de ce vase en raison même de son expansibilité. Le vide sera obtenu de cette manière beaucoup plus promptement, car la condensation de la vapeur appellera presque instantanément dans le second vase toute la vapeur qui remplissait le corps de pompe. Ainsi, la condensation pourra s'opérer sans que jamais le cylindre soit refroidi ; une économie considérable de vapeur et par conséquent de combustible sera réalisée (fig. 39).

L'appareil qui remplit cette importante fonction porte le nom de condenseur.

En inventant le condenseur, James Watt avait ajouté une chose capitale à la machine à vapeur d'alors, et il venait d'entrer dans la voie si féconde des perfectionnements qui ont illustré son nom.

Watt ajouta successivement à sa machine la soupape de sûreté de Papin, le régulateur à force centrifuge, le parallélogramme articulé, et il perfectionna le cylindre moteur ainsi que le système de distribution de la vapeur.

Ce grand génie mourut le 25 août 1819, à l'âge de 83 ans, dans toute la plénitude de ses facultés intellectuelles. De toutes parts on lui éleva des statues, et le nom de James Watt est aussi populaire en Angleterre que chez nous celui de son prédécesseur : Papin.

Les organes principaux de la machine à vapeur avaient été créés par Watt ; il ne restait à ses successeurs, aux continuateurs de sa grande oeuvre, qu'à améliorer, d'après les indications de la pratique, certains détails de construction qui lui avaient échappé.

Ce fut ainsi que Wolf inventa, dans le but de réduire encore la dépense de combustible, la détente, c'est-à-dire qu'au lieu d'envoyer de la vapeur dans le cylindre pendant toute la course du piston, de travailler, comme on dit, à pleine pression, d'interdire l'entrée de la vapeur dans le cylindre lorsque le piston est à la moitié ou aux deux tiers de sa course, on emploie deux ou trois fois moins de vapeur qu'avec la marche à pleine pression, car la vapeur se détend et possède néanmoins assez de force pour pousser le piston jusqu'à la fin de sa course. On économise par là la vapeur et le combustible qui la produit.

Les derniers perfectionnements apportés à la construction de la détente, par MM. Clapeyron et Meyer en particulier, permettent de varier facilement le débit, et presque toutes les machines à vapeur modernes sont munies soit de la détente variable, soit du condenseur (fig. 40).

Leupold, mécanicien allemand, découvrit le principe théorique des machines à haute pression et le décrivit vers 1725 dans un recueil de mécanique

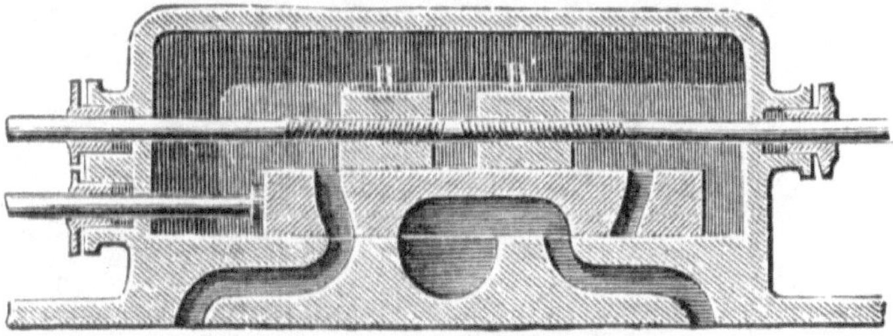

Fig. 40. — Détente Meyer.

publié en allemand. La marche à haute pression est utile parce qu'elle permet de supprimer le condenseur, en laissant échapper la vapeur dans l'atmosphère.

Dans la machine de Watt, on emploie la vapeur chauffée seulement à la température de l'ébullition de l'eau, sous une pression qui ne dépasse pas de beaucoup celle de l'atmosphère. La condensation alternative de cette vapeur, sous les deux faces du piston, détermine un vide qui permet à la vapeur de produire toute son action mécanique.

Dans les machines à haute pression, la vapeur agit à une tension de deux à trois fois supérieure à celle de l'atmosphère, sur les faces du piston et s'échappe ensuite à l'air libre. Toutes les machines actuellement en usage dans l'industrie sont des machines à haute pression.

Olivier Evans, constructeur américain, a construit les premières machines à haute pression, et en a propagé l'emploi dans l'industrie.

Evans était ouvrier charron à Philadelphie. Ce fui après avoir longtemps observé l'effet de la vapeur d'eau dans les canons de Noël qu'il conçut l'idée des machines à haute pression.

Voici ce qu'on appelait des canons de Noël : c'étaient des tubes de métal plus ou moins longs, et que l'on bouchait solidement aux deux extrémités. A

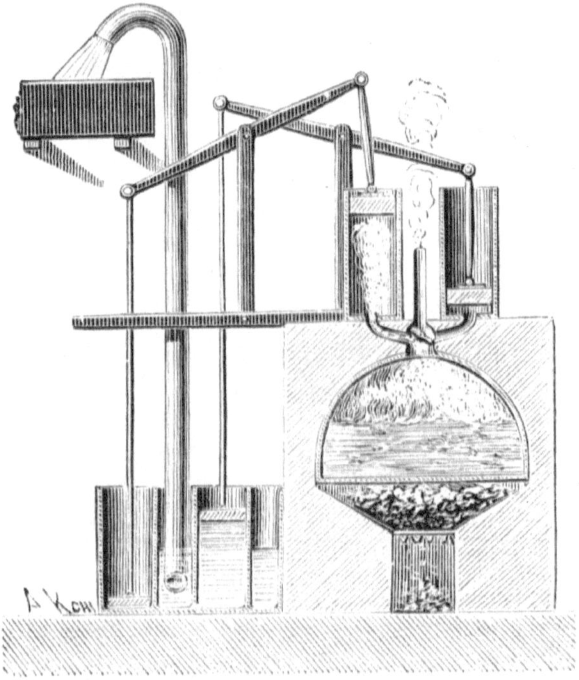

Fig. 41. — Machine de Leupold.

un certain endroit on laissait une lumière, par laquelle on introduisait l'eau dont on remplissait le canon. Ensuite on bouchait soigneusement et surtout solidement la lumière avec une petite cheville de bois. Cela terminé, on mettait l'extrémité du canon dans un feu violent, et au bout de quelques instants le bouchon était chassé au dehors avec une violente détonation par l'expansion de la vapeur qui s'était formée.

Après avoir étudié ce phénomène, Olivier Evans comprit quelle était la puissance que la vapeur, élevée à un certain degré de température, était capable d'acquérir, et, au lieu de construire comme faisaient Watt et Boulton des machines marchant à une atmosphère et demie de pression, il en imagina dont la pression ordinaire était quatre et cinq fois supérieure à celle de l'atmosphère. Trewitick et Vivian, en Angleterre, n'en édifièrent de nouvelles que longtemps après, vers 1825.

Les machines à haute pression offrent de très grands avantages sur la machine à condenseur de Watt, en ce qu'elles permettent de supprimer le lourd balancier de fonte de cette dernière en le remplaçant par une bielle à lige articulée, de rendre inutile le condenseur et de régler à volonté la détente. Aussi de nos jours peu d'usines continuent à se servir de l'ancienne machine de Watt, ce moteur demandant beaucoup trop de place et, sauf dans quelques mines, telles que celles du Cornouailles, les machines à haute pression l'ont entièrement remplacé avec un grand bénéfice sur le combustible.

Partie IV

Les organes de la machine à vapeur actuelle

Dans les machines, quelles qu'elles soient, il y a deux sortes de pièces bien différentes : les organes de mouvement, chaudière, mécanisme, moteur, et les appareils de sûreté.

Ainsi, dans n'importe quelle machine à vapeur, on trouvera toujours les mêmes pièces : la chaudière, les pistons, les volants et poulies de transmission, le régulateur à boules, les tiroirs, les excentriques, les bielles et enfin le bâti ; on trouvera aussi, comme instruments de sûreté, les soupapes, le manomètre, le tube de niveau d'eau, les robinets de jauge, le sifflet d'alarme avec flotteur et quelquefois aussi les plaques fusibles. Aussi, comme nous l'avons déjà dit, une machine à vapeur ne change pas, qu'elle soit verticale ou horizontale la disposition de ses organes seule varie.

La chaudière est ordinairement en tôle d'acier d'une grande épaisseur pour mieux résister aux pressions intérieures qu'elle a à subir. On la rive à chaud pour mieux réunir l'épaisseur des deux tôles et prévenir les fuites. Les rivures sont dites en *bouterolle* si la tête est plate, en *pointe de diamant* si elle est conique, et en *goutte de suif* si elle est hémisphérique (fig. 42). La forme la plus employée et la plus solide est la goutte de suif. Elle résiste mieux au cisaillement.

Une formule algébrique très simple permet de calculer facilement l'épaisseur de la chaudière d'après la pression en atmosphères qu'elle doit subir. Avant

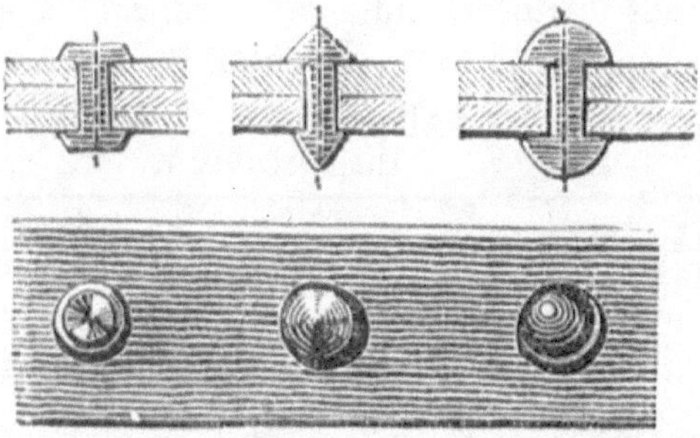

Fig 42. — Différentes sortes de rivures : 1. Bouterolle. — 2. Pointe de diamant. — Goutte de suif.

d'être livrée à l'industrie une chaudière est toujours essayée à froid sous une pression triple de celle qu'elle doit régulièrement supporter et ce, au moyen de la presse hydraulique. Le timbre en relief, placé sur le corps de la chaudière, indique ce chiffre en kilogrammes de pression, par chaque centimètre carré de surface.

C'est à Watt qu'on doit l'idée de recouvrir, afin d'éviter les pertes de chaleur par rayonnement, la chaudière d'une chemise en bois.

D'après leur destination, les chaudières sont diversement agencées. Par exemple, les chaudières de locomotives sont tubulaires, afin d'augmenter la surface de chauffe. C'est à M. Marc Séguin, ingénieur français, qu'on est redevable de cette invention.

Les locomobiles, fixes et demi-fixes, possèdent quelquefois également des chaudières tubulaires, ordinairement du système Field ou Belleville (fig. 43).

Les chaudières des machines verticales de M. Hermann-Lachapelle sont à bouilleurs entre-croisés ; c'est-à-dire que le foyer intérieur, d'une vaste capacité, est traversé en tous sens de tubes énormes remplis d'eau et communiquant avec la chaudière. Par suite de la grande surface opposée à la flamme, la mise en pression est extrêmement rapide. Un avantage plus précieux est la combustion entière de tous les gaz de la fumée, ce qui amène une économie notable de charbon. Dans les petites machines, les bouilleurs sont au nombre de deux ; dans les grandes, il y en a quatre et quelquefois six (voir fig. 43).

Les générateurs de vapeur, pour machines fixes, présentent aussi une disposition particulière. Ils se composent de trois parties fixées dans un massif en briques ou en maçonnerie : les deux bouilleurs et la chaudière proprement dite. C'est surtout dans les fortes machines à balancier que sont ainsi disposés les générateurs[8].

Il y a aussi les chaudières marines à retour de flammes, dans lesquelles les tubes reviennent sur eux-mêmes de façon à faire retourner la flamme

8 Voir pour plus de détails le livre *La Vapeur* de M. Amédée Guillemin, *Bibliothèque des Merveilles.*

jusqu'au dessus du foyer. Enfin on commence à se servir des chaudières dites en serpentin. Les tiroirs et les pistons, parties essentielles du mécanisme, ont été souvent modifiés depuis leur invention. Pour bien comprendre le jeu d'une variété de tiroirs, dits à coquille, il est nécessaire de se reporter à la figure 44, où des lettres-indiquent la marche suivie par la vapeur.

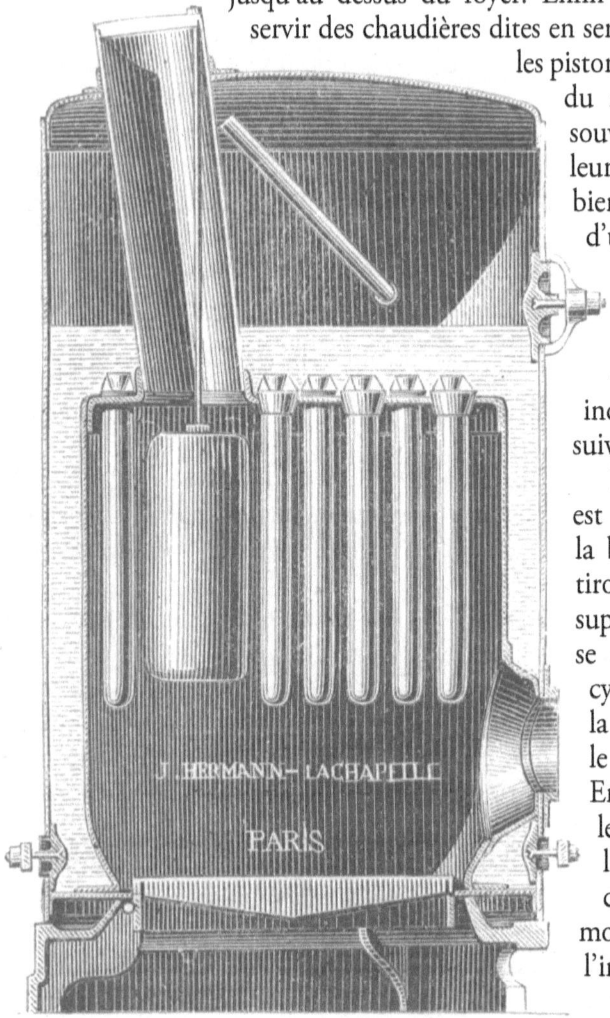

Fig. 43. — Coupe de la chaudière Field.

Lorsque la vapeur est admise et remplit la boîte à vapeur B, le tiroir débouche l'orifice supérieur A et la vapeur, se précipitant dans le cylindre, appuie sur la face du piston et le force à descendre. En même temps que le piston descend, l'arbre auquel il communique son mouvement par l'intermédiaire d'une bielle montée sur une manivelle, l'arbre tourne, et fait mouvoir l'excentrique relié à la tige du tiroir. A mesure donc que le piston descend, le tiroir remonte et ferme l'orifice supérieur. C'est alors que la détente se produit et que la vapeur rend le reste de son effet utile et pousse le piston à fin de course. Quand ce dernier effort est terminé, le fluide s'échappe par l'issue supérieure, passe par le tuyau d'échappement de vapeur et va enfin se perdre, soit à l'extérieur, soit dans un condenseur.

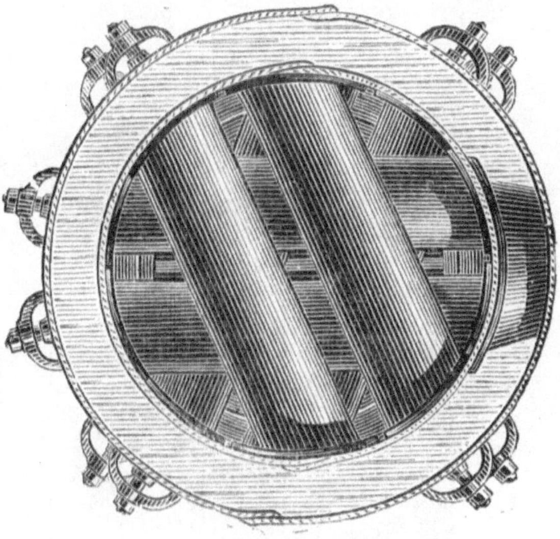

Fig. 43 bis. — Plan de la chaudière à bouilleurs entre-croisés Hermann-Lachapelle.

Quand ce fait se produit, la seconde ouverture est débouchée, la vapeur afflue sous l'autre face du piston qu'elle repousse à sa position première puis, la même chose se répétant arrive à former un travail continu actionnant uniformément l'arbre moteur.

Le volant est une roue, ordinairement en fonte, servant, par son ballant et la vitesse qu'elle acquiert en tournant, à régulariser le mouvement et éviter les chocs brusques pour l'arrêt. On ne peut calculer les dimensions ou le poids d'un volant, et on est forcé pour cela de s'en rapporter un peu au hasard et aux indications de la pratique.

Avec le volant on trouve presque toujours la poulie de transmission, roue fort large, en fonte polie ou en fer, et légèrement bombée pour mieux retenir la courroie avec laquelle on transmet le mouvement circulaire aux appareils à actionner. Les bielles (fig. 45) sont des pièces d'acier, larges et plates, qu'il ne faut pas confondre avec les tiges cylindriques et renflées par le milieu. Les bielles sont munies d'une tête en cuivre poli, supportant ordinairement un graisseur pour éviter son échauffement. Mauldslay, constructeur anglais, a inventé la bielle articulée qui permet de supprimer le balancier encombrant de

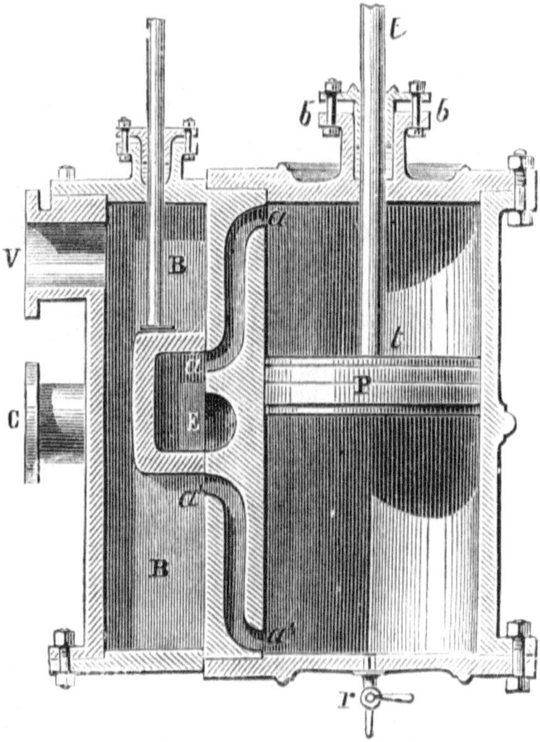

Fig. 44. — Tiroir à coquille.
a lumières. Boite à vapeur. b presse-étoupes. C échappement. P. piston. V Introduction de vapeur. i robinet de vidange.

Watt et de le remplacer par deux glissières dans lesquelles monte et descend la bielle, avec un mouvement élégant.

Les excentriques (fig. 46) se composent du collier, et de l'anneau, emboîtés et tournant l'un dans l'autre.

L'anneau est claveté sur l'arbre et la tige est fixée sur le collier.

Il y a des excentriques de toutes formes, à anneau plein ou évidé. Dans tous, chose à observer, le graissage doit être excessivement régulier pour

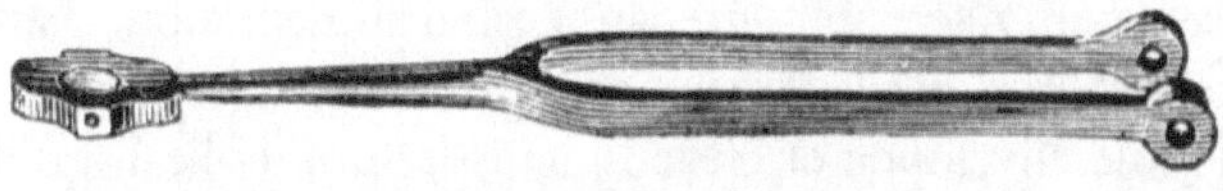

Fig. 45. — Bielle ordinaire.

éviter le grippement des surfaces frottantes. Toutes les pièces ont leur importance dans une machine à vapeur. Les grilles, les trous d'hommes, les bagues, les presse-étoupes, l'injecteur, les pompes, les moindres boulons, sont rigoureusement calculés et leur place en est déterminée avec la même justesse.

Dans les grilles, il faut calculer l'intervalle à laisser entre les lames, pour avoir un tirage énergique, chose nécessaire dans les chaudières actuelles qu'il faut chauffer dans un minimum de temps.

Les trous d'hommes sont des ouvertures pratiquées dans la tôle de la chaudière pour faciliter son nettoyage intérieur. En effet, lorsque l'eau a bouilli longtemps, elle laisse par le fait de son évaporation un dépôt terreux et calcaire sur les parois. Ce sont les incrustations que l'on empêche de se former en mélangeant à l'eau du générateur des raclures de pommes de terre, de l'argile délayée ou des fragments de métal.

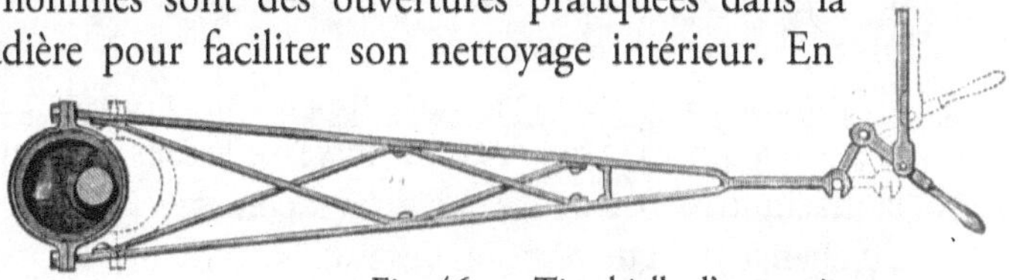

Fig. 46. — Tige-bielle d'excentrique.

Malgré cela, s'il reste une légère croûte à l'intérieur, le chauffeur dévisse le boulon, il enlève la plaque qui bouche l'ouverture, et, introduisant son bras par ce trou, il brosse et nettoie facilement les parois. Une fois cette opération achevée, il revisse la plaque et les fuites sont impossibles.

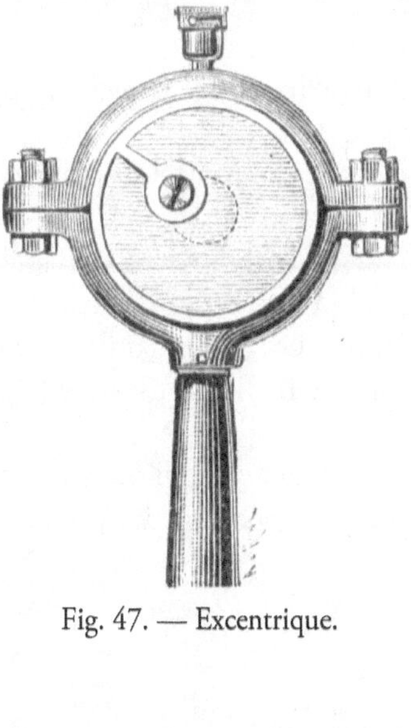

Fig. 47. — Excentrique.

Les pièces secondaires sont en assez grand nombre. Néanmoins, passons-les en revue :

♦ La *plaque d'assise* ou de fondation est en fonte. Elle supporte toute la machine et c'est elle que l'on boulonne sur le massif destiné à recevoir l'appareil.

♦ Le *socle* est également en fonte, plein et coulé d'un seul bloc, ou creux et agrémenté de nervures et d'ouvertures.

- Le *bac réchauffeur* est un réservoir contenant l'eau d'alimentation. Il est appelé réchauffeur, parce que la vapeur provenant de l'échappement passe dans sa double enveloppe et élève la température de l'eau qu'il contient avant que celle-ci soit envoyée à la chaudière.
- Les *tuyaux d'amenée de vapeur* sont quelquefois en cuivre, mais le plus souvent en fonte. Ils sont alors entourés d'une épaisse gaine de liège calorifuge, parfois d'une simple corde roulée en anneaux serrés, afin de s'opposer aux déperditions de chaleur.
- Les *registres*, munis d'une clef se manoeuvrant de l'extérieur, sont disposés à l'intérieur des cheminées. Ils servent à modérer le tirage ou à l'augmenter. Les locomotives en possèdent deux; un à l'intérieur du tuyau, l'autre au sommet.
- La *coulisse de Stephenson*, ainsi appelée du nom de son inventeur, est l'appareil qui sert à changer, à intervertir le sens de rotation du volant de la machine fixe ou de la roue de la locomotive. Ce fait s'opère par suite du changement de position des excentriques des tiroirs, et du sens de la distribution de vapeur. La coulisse de Stephenson se manoeuvre, dans les machines fixes, au moyen d'un levier, dans les locomotives, avec un volant. Elle est remplacée, dans les bateaux à vapeur, par *l'embrayage*.
- On appelle *régulateur* dans les locomotives, la *valve* qui donne accès à la vapeur dans les cylindres. Il a la forme circulaire ou bien d'étoile. Dans ce dernier cas, il est dit à *papillon*. Le régulateur se manoeuvre par l'intermédiaire d'une tige et d'un levier, ou tout simplement d'une manette.
- La *crosse*, est la partie qui frotte sur les glissières et sur laquelle la tige du piston est fixée.
- Les *ringards* sont les longues tiges de fer droites au moyen desquelles le chauffeur tisonne le feu.
- Les *paliers* sont les supports qui soutiennent l'arbre de transmission. Ils se composent du corps du chapeau, boulonné par-dessus et des coussinets en bronze qui soutiennent l'arbre. Les paliers sont en fonte et munis de deux écrous et d'un godet graisseur. Ils sont soutenus par les chaises.
- Les *arbres* sont en acier, quelquefois en fer. Ce sont eux qui transmettent le mouvement aux appareils à actionner. Ils supportent les poulies et les volants.

- Les arbres sont quelquefois coudés, et c'est sur ces coudes que s'articulent les têtes de bielles. D'autres fois ils reçoivent le mouvement par l'action d'une *manivelle* qui fait corps avec eux. Alors c'est sur le *bouton de la manivelle* que pivote la bielle et que s'exerce tout l'effort.
- Les *graisseurs* sont de formes et de dispositions infinies. Les principaux sont les graisseurs à boules. On introduit l'huile dans la boule supérieure et elle arrive en passant par les deux autres sphères au piston à lubrifier. Il y a le *graisseur* à chapeau, celui à ressort, à vis, etc., etc. Les variétés en sont innombrables.
- Les *presse-étoupes* et leurs garnitures sont destinés à prévenir les fuites de vapeur par le trou de la tige du tiroir. Les pompes sont également pourvues de presse-étoupes.
- Les *boulons* se vissent sur les parties filetées des écrous qu'ils servent à rapprocher et à serrer. Les écrous à six pans sont dits à *chapeau* et sont quelquefois munis d'une clavette. Il y a des *écrous à oreilles* et d'autres à *entailles*. Enfin ils se vissent et se dévissent au moyen d'une *clé anglaise*, soit à vis et à marteau, soit à levier ou simplement découpée.

Passons aux appareils de sûreté : la soupape (fig. 48) fut inventée par Papin qui l'utilisa dans son digesteur pour connaître la force de la vapeur à l'intérieur

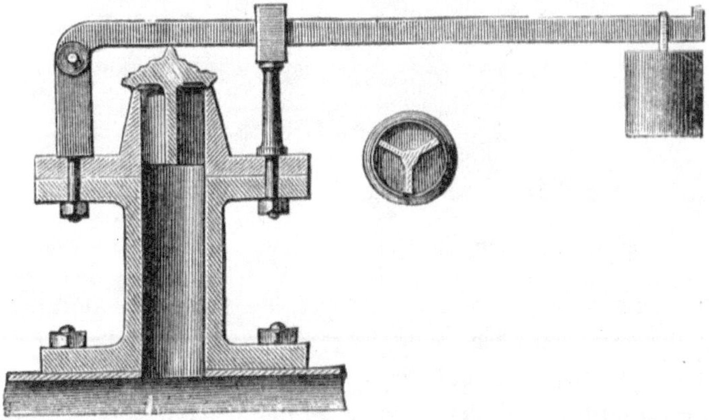

Fig. 48. — Soupape de Papin.

de sa marmite. Sa construction n'a pas changé et elle est employée surtout dans les bateaux à vapeur et les machines fixes. Pour les locomotives et les machines verticales on se sert de la balance (fig. 49), ou soupape à ressort. La première se règle en avançant plus ou moins le poids le long de la tige du levier ; la seconde en serrant plus ou moins la vis qui appuie sur la branche.

Lorsque la pression de la vapeur devient trop forte, le ressort cède, le levier se soulève, la quantité superflue de vapeur s'échappe et, aussitôt que la pression décroît, le levier retombe et la soupape se referme.

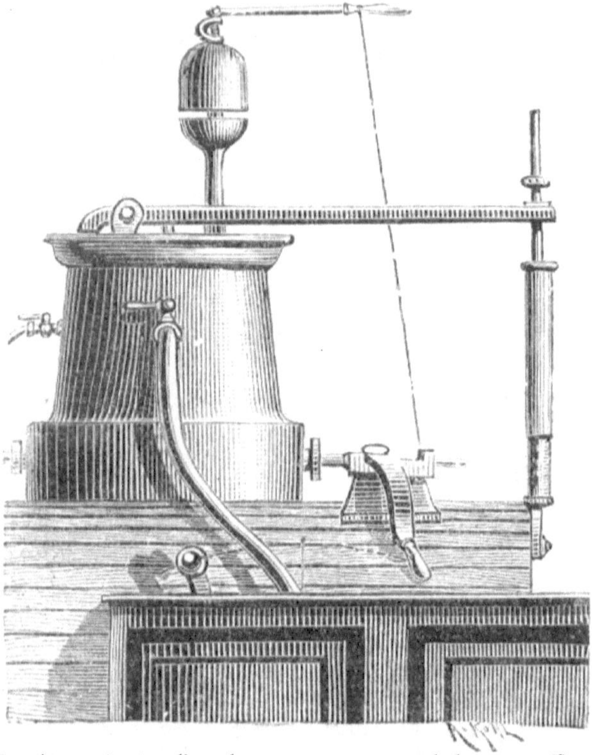

Fig. 49. — Arrière d'une locomotive, soupape, balance et sifflet.

La plaque fusible n'a pas cet avantage ; lorsque par l'action d'un feu trop violent elle fond, l'eau de la chaudière tombe sur le feu et l'éteint. Il faut alors remplacer la plaque, rallumer le feu, et remplir de nouveau la chaudière. C'est une perte de temps quelquefois grave. Pour un navire qui va entrer dans le port, par exemple, quel dommage n'éprouverait-il pas s'il était subitement privé de son moteur ! Aussi la plaque ou rondelle fusible est-elle abandonnée partout maintenant et remplacée par la soupape de sûreté.

Un appareil indispensable et que possèdent toutes les machines à vapeur est le manomètre. Dans les premiers temps on se servait de manomètres à mercure, mais aujourd'hui on ne voit plus, dans toutes les machines, que le manomètre métallique. Le manomètre à mercure était dit à air libre lorsque le tube était ouvert à son extrémité, et à air comprimé (fig. 50) lorsque l'extrémité en était fermée. Lorsqu'on mettait la vapeur de la chaudière en communication avec ce tube à moitié plein de mercure, elle soulevait le métal et d'après sa hauteur on jugeait de la pression. Cette pression était calculée en atmosphères.

Fig. 50. — Manomètre à air comprimé.

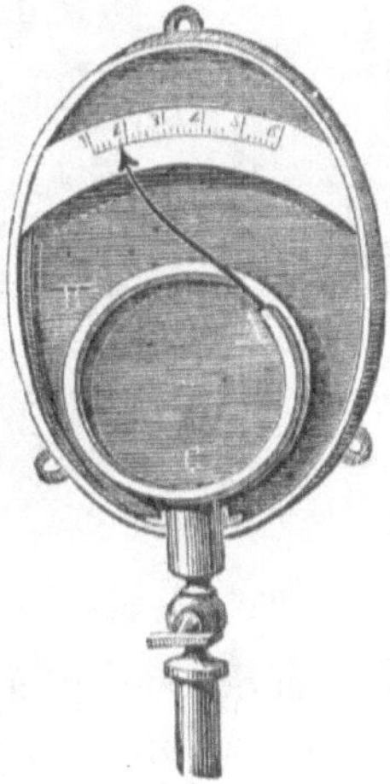

Fig. 51. — Manomètre métallique Bourdon.

On sait ce que c'est qu'une atmosphère. C'est le poids d'une colonne d'air de un centimètre carré de base, environ 1 kilogramme 33 grammes. Si l'on dit qu'une machine marche à cinq atmosphères, la pression de la vapeur sur les parois intérieures du générateur est de cinq fois le poids de l'atmosphère ou de 6 kilogrammes 75 par centimètre carré de surface.

Les manomètres métalliques principalement usités sont ceux de MM. Bourdon (fig. 51), Ducomet et Desbordes. Dans ces systèmes, la vapeur arrive dans un tuyau méplat. D'après l'effort exercé par la vapeur, ce tuyau tend à se redresser plus ou moins et l'aiguille dévie dans le sens de la verticale par l'effet d'un levier et d'un engrenage.

M. Cailletet, savant chimiste. a construit un manomètre destiné à mesurer les fortes pressions, de 100 à 500 atmosphères. C'est un mince tube de verre, très élastique et enroulé en spirale comme un ressort de montre.

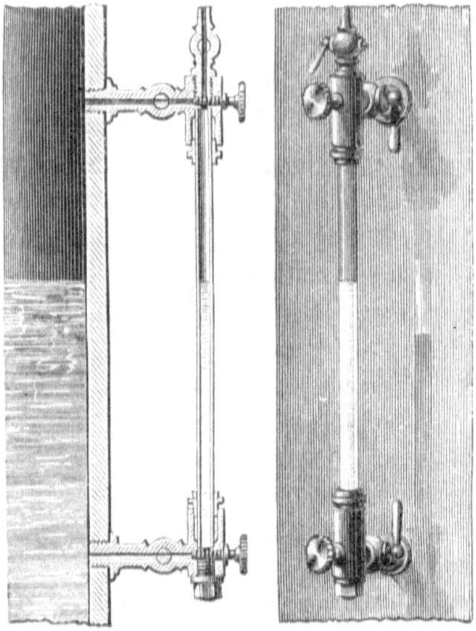

Fig. 52. — Tube de niveau d'eau.

Cet ingénieux appareil a donné des résultats satisfaisants. Un appareil de sûreté que l'on voit partout, est le niveau d'eau (fig. 52). Un tube creux en cristal, serré entre deux presse-étoupes muni de deux robinets, est fixé sur la chaudière. Par suite de la théorie des vases communicants, l'eau dans le tube est toujours à la même hauteur que dans la chaudière. Le chauffeur voit par là s'il y a trop peu ou trop d'eau dans la chaudière, et il alimente d'après cette indication.

Si, par suite de la trop grande chaleur de l'eau, le tube de cristal vient à casser, on ferme les deux robinets et on le remplace facilement. Lorsque la machine cesse de fonctionner, on ouvre le robinet de vidange et l'eau s'échappe.

Pour obvier à l'inconvénient qui résulte de la rupture du tube, un ingénieur français, M. Damourette, a inventé le porte-tube séparateur (fig. 53) perfectionnement de la clarinette de niveau d'eau.

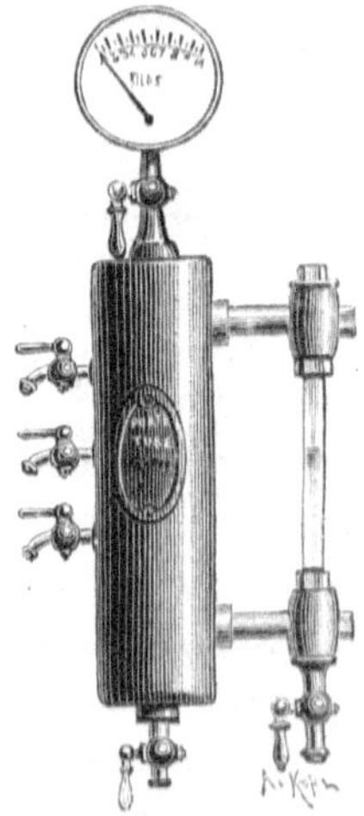

Fig. 53. — Porte-tube séparateur Damourette.

Dans ce système, l'eau bouillante remplit un côté du gros tube de bronze, et la vapeur l'autre côté, de façon que lorsque les fluides arrivent dans le tube de cristal ils sont beaucoup refroidis, et dans aucun cas ne peuvent provoquer sa rupture. Les robinets placés sur le côté de la clarinette permettent de connaître à tout moment la hauteur de l'eau à l'intérieur du générateur, même lorsque le tube de niveau s'est brisé et ne fonctionne plus.

A mesure que, par l'action du feu, l'eau se vaporise, elle s'épuise et il faut la remplacer. Aussi est-il juste de dire quelques mots des principaux modes d'alimentation.

Le plus souvent, on se sert des pompes alimentaires. Ce sont de simples pompes aspirantes et foulantes

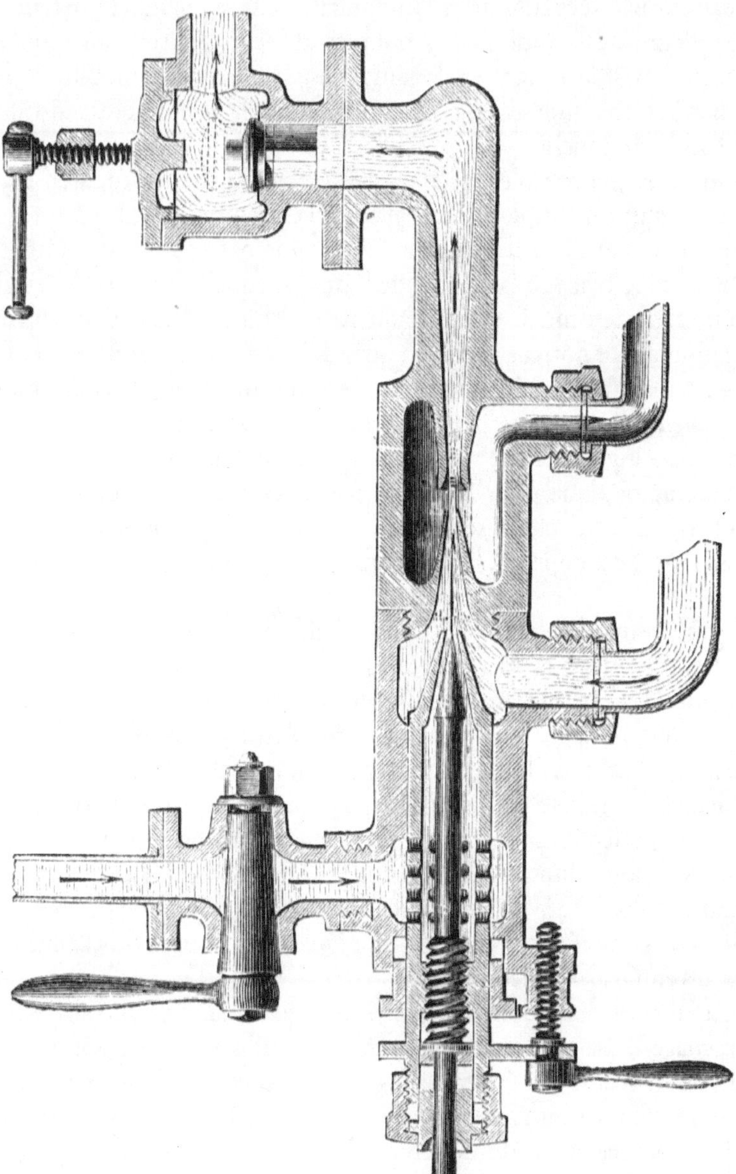

Fig. 54. — Coupe de l'injecteur Giffard.
(Les flèches indiquent le trajet de la vapeur et de l'eau d'alimentation.)

aspirant l'eau du bac réchauffeur et la refoulant dans la chaudière malgré la pression intérieure de la vapeur. Les pompes alimentaires sont au nombre de deux, outre le Giffard, dans les locomotives. Dans les locomobiles et les machines fixes il y en a une seule, mise en action par la tige d'un excentrique monté sur l'arbre de couche.

Le *robinet avec flotteur* n'existe plus guère. Le jeu de cet appareil était bien simple. C'était un simple robinet placé à l'extrémité du tube d'amenée d'eau, et qui s'ouvrait et se fermait plus ou moins par l'action du flotteur, demi-sphère en zinc placée à la surface de l'eau. Lorsque le niveau du liquide baissait, le flotteur descendait et faisait ouvrir le robinet. Alors l'eau coulait, le niveau remontait, le flotteur avec lui ; quand il était revenu au point voulu, le robinet se fermait, et il en était ainsi tout le temps du travail de la machine.

L'alimentateur automatique de l'ingénieur Fromentin doit être aussi mentionné ; il est ingénieusement combiné et son seul défaut est de ne guère pouvoir être employé que pour les fortes machines fixes ou marines. Il n'a pas la simplicité ni la marche agréable de l'injecteur. C'est là le seul reproche qu'on puisse faire à cet appareil, pourtant fort utile dans un grand nombre de cas.

C'est à un savant ingénieur, M. Henri Giffard, que la mécanique doit *l'injecteur* (fig. 54), dont la manoeuvre est des plus simples, de même que la construction. Une tuyère se manoeuvre au moyen d'une manivelle et lorsqu'elle donne passage à la vapeur, cette dernière en se condensant brusquement produit un vide énergique que vient combler l'eau d'aspiration, pénétrant dans la chaudière par une soupape d'une construction particulière. L'injecteur a été perfectionné depuis sa première apparition. On peut le voir partout. Dans quelques imitations il est pourvu d'un tuyau réchauffeur.

Un organe qu'on trouve dans toutes les machines à vapeur, fixes ou locomobiles, est le *modérateur* (fig. 55) ou régulateur d'entrée de vapeur. Le premier fut inventé par le célèbre Watt.

Cet appareil consistait tout simplement en deux boules de métal pesant, qu'un engrenage faisait tourner. La force centrifuge développée par le mouvement de rotation, les écartait plus ou moins et, par le moyen d'une tige, communiquant avec une valve, réglait l'entrée de la vapeur et empêchait la vitesse d'augmenter ou de diminuer. De là le nom de régulateur. Lorsque la vitesse diminue, les boules se rapprochent, la valve ou le clapet s'entrouvre un peu plus. Comme il sort alors plus de vapeur, on regagne cette perte. De même si la vitesse s'accélère, les boules s'éloignent par l'effet de la force

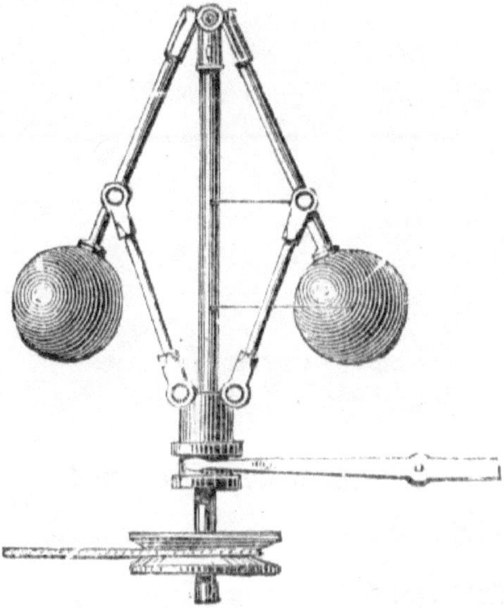

Fig. 55. — Modérateur de Watt à force centrifuge.

centrifuge, la soupape se referme et cette augmentation se trouve compensée. On a changé bien des fois la forme et la disposition du régulateur ; on a fait les boules aplaties, on a mis un lourd contrepoids au milieu, mais rien n'a donné la marche régulière du premier régulateur de Watt à force centrifuge.

Pour prévenir les accidents lorsque l'eau manque dans la chaudière et que le mécanicien occupé ailleurs ne voit pas le danger, quelques usines emploient le flotteur à sifflet d'alarme. Dans cet appareil, lorsque l'eau baisse, le flotteur descend avec elle et débouche l'entrée du sifflet. La vapeur s'échappe aussitôt, et rencontrant le bord tranchant de la coupe supérieure, la fait vibrer avec un bruit aigu qui appelle aussitôt l'attention du chauffeur sur le manque d'eau.

Dans les machines dont nous allons étudier la construction, nous rencontrerons à chaque pas ces divers organes, arrangés différemment pour le meilleur rendement de travail et la plus grande économie de combustible. Il était donc nécessaire de connaître ces pièces une à une avant d'étudier l'ensemble de leur jeu.

Partie V

Les machines modernes

1. Machines horizontales.

Les dispositions du mécanisme moteur dans les machines à vapeur, varient d'après la destination de chacune d'elles.

C'est ainsi que la disposition horizontale a été adoptée pour les machines fixes puissantes, celles d'usines importantes où la force à transmettre n'est pas moindre de deux cents chevaux-vapeur. Pour les petites industries, n'ayant besoin que de cinq à vingt-cinq chevaux on préfère la machine verticale. Pour les grandes vitesses exigées par les ventilateurs, les pompes rotatives, essoreuses, etc., on se sert plutôt de la machine rotative. Enfin dans quelques cas particuliers, on a recours à d'autres dispositions spéciales, que nous étudierons au fur et à mesure.

Dans tous les systèmes où le moteur est horizontal, le générateur est à part (fig. 56). Le fluide arrive par un tube muni d'une valve d'introduction, au mécanisme moteur. Le tiroir agit horizontalement, le piston de même, le volant tourne et la transmission est directe. La forme d'une machine horizontale varie peu. Le socle en fonte est à jour quelquefois, plein et agrémenté de nervures le plus souvent. La valve se manoeuvre dans quelques machines au moyen d'un petit volant et quelques-unes ont des condenseurs. Tous ces systèmes marchent avec détente. Mais la disposition générale ne change guère. Nous

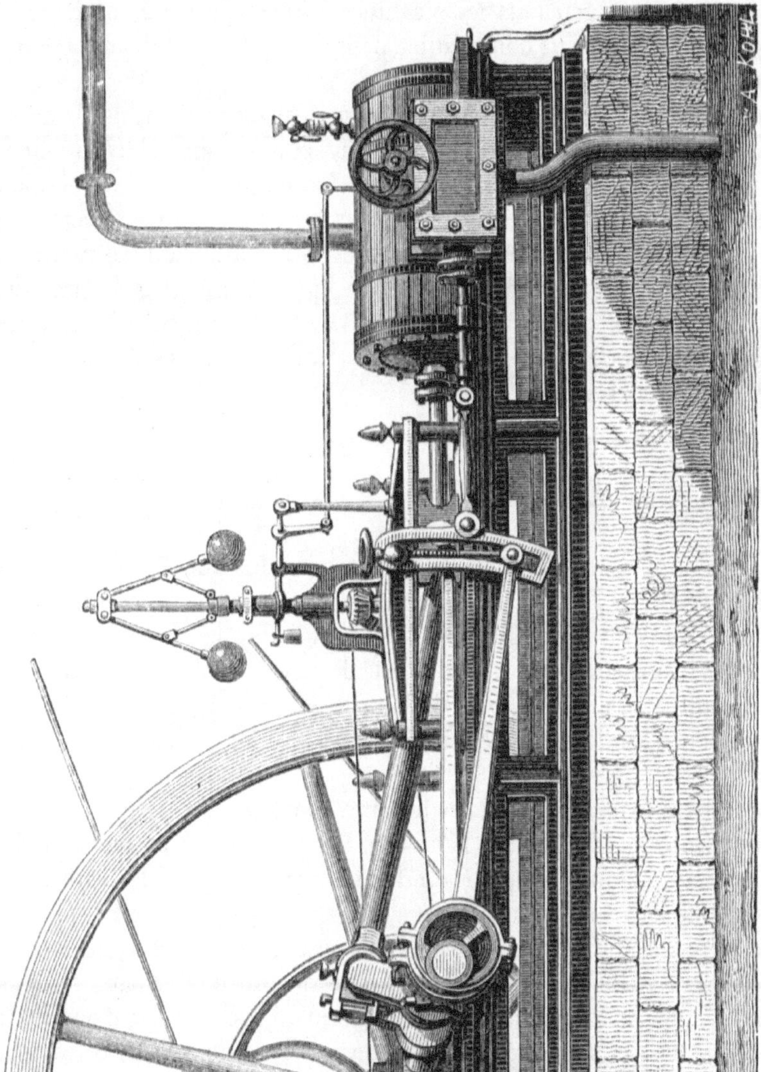

Fig.. 56. — Machine à vapeur horizontale munie de la coulisse Stephenson.

citerons comme types généraux les machines Farcot, Corliss à condenseur, dans lesquelles la dépense de combustible peut descendre à 1 kilogramme par cheval-vapeur et par heure de travail.

On a pu voir à l'exposition 1867, une variété de machine horizontale d'une puissance de 6 chevaux, du système May, et dans laquelle les principes qui ont fait le succès des machines marines Compound étaient appliqués. Elle était à deux cylindres ; la vapeur agissait directement sur le volant, en passant alternativement dans les deux cylindres, communiquant par un tuyau réchauffeur. Elle a été adoptée pendant quelque temps, mais la pratique n'ayant pas répondu, comme il arrive parfois, à la théorie, ce système a été entièrement rejeté, et c'est à peine si l'on en voit quelques rares spécimens chez les mécaniciens-constructeurs.

2. Machines verticales.

C'est bien plutôt dans les moteurs à vapeur verticaux que les constructeurs ont varié les détails de l'agencement des diverses pièces les composant.

Dans les premières machines verticales construites, le générateur était à part et le mécanisme était monté sur un socle de pierre de taille. Cette fâcheuse disposition, qui séparait les deux parties de la machine, a pu être abandonnée depuis et aujourd'hui le mécanisme moteur est réuni à la chaudière, parfois même fixé sur elle.

Les premières machines verticales furent importées d'Angleterre, où elles étaient construites par l'ingénieur Fairbairn. Sur le piédestal, en maçonnerie, sont fixées deux colonnes supportant l'entablement (fig. 57). L'arbre du volant est soutenu à ses extrémités par deux paliers dans lesquels il tourne. Le piston donne le mouvement directement au coude de l'arbre, au moyen de la tige articulée. Le modérateur à boules reçoit son mouvement de deux engrenages d'angle et agit sur la tige communiquant avec la valve d'entrée de vapeur. Ces machines admettent la détente variable. Leur seul inconvénient est d'être séparées du générateur, et de causer des pertes de fluide dans le tuyau d'amenée de vapeur.

Dans les machines verticales actuelles (fig. 58), le cylindre, avec son tiroir, les paliers, le régulateur à force centrifuge, le volant sont placés sur le corps même de la chaudière.

Dans la machine Hermann-Lachapelle, pour éviter les trépidations toujours funestes à la chaudière, tout le mécanisme se trouve sur un bâti isolateur. C'est-à-dire que la chaudière est complètement isolée et à l'abri des secousses. Ce bâti qui l'entoure sans la toucher, est en fonte, ce sont deux simples piliers avec un entablement faisant corps avec le socle par conséquent d'une rigidité parfaite. C'est sur ce bâti qu'est fixée la pompe d'alimentation. On ne construit jamais de puissantes machines verticales, leur force varie entre un et vingt-cinq chevaux, jamais plus.

On emploie également un type de machine verticale dit *à pilon*. Dans cette disposition, la chaudière est montée sur une plaque de fonte formant assise. Sur sa paroi, sans socle-bâti-isolateur, est fixé le cylindre moteur et son tiroir.

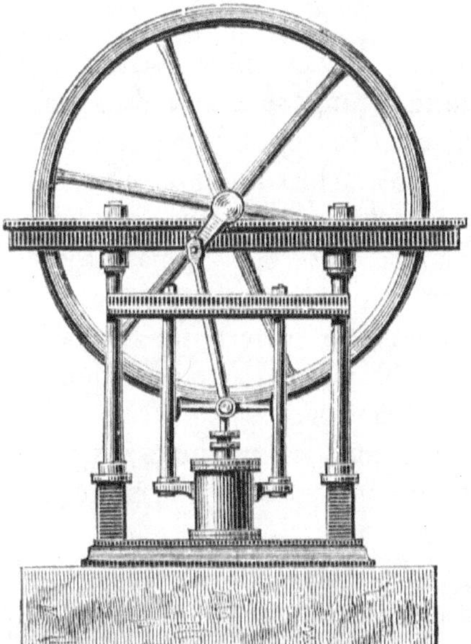

Fig. 57. — Machine verticale.

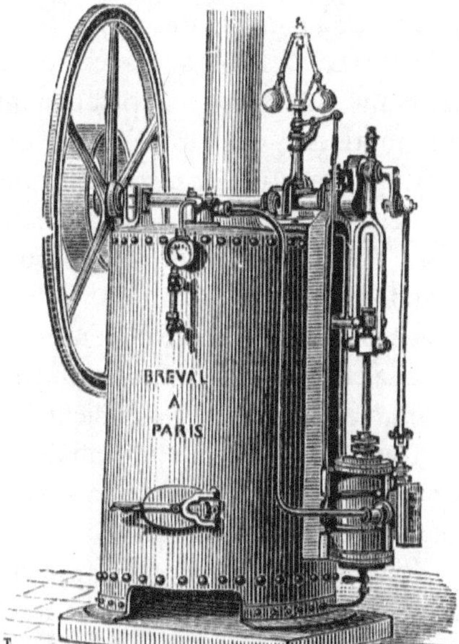

Fig. 58. — Machine verticale de Bréva.

Le piston joue, à l'inverse des autres machines verticales, de haut en bas, et la tête de la bielle articulée est montée à pivot sur un petit volant plein et plat, en acier poli. L'arbre et le volant de transmission sont supportés par deux paliers fixés sur l'assise elle-même, ce qui permet de transmettre le mouvement de haut en bas. Comme il n'y a ni coudes ni manivelles, le mouvement du volant est exceptionnellement doux et régulier, ce qui est absolument nécessaire pour le bon fonctionnement de plusieurs appareils.

La disposition verticale à pilon est utile, parce que c'est une machine essentiellement mobile, transportable et portative. Elle se boulonne instantanément à son arrivée à l'atelier où, elle doit travailler.

On peut ranger dans la catégorie des machines verticales celles dites à cylindre oscillant, dont l'usage, général en 1840, est de plus en plus abandonné maintenant. Il y en avait deux types : celles oscillant sur un axe placé au milieu de la longueur et celles oscillant sur un axe situé à l'extrémité. Dans les premières construites par MM. Cavé (fig. 59), le cylindre, retenu au milieu par deux pivots, suivait le mouvement de la manivelle. La vapeur arrivait par un de ces pivots et agissait sur le piston. Ces machines étaient toutes à détente variable et à condensation.

Les secondes, des systèmes Fèvre, Leloup, Frey et Farcot, oscillent à leur extrémité inférieure. Leur pivot est une sorte de rotule sphérique, dans laquelle sont pratiquées deux lumières par où arrive et s'échappe la vapeur.

Cette construction a été perfectionnée, mais au lieu de donner des résultats meilleurs, les rotules ensuite perfectionnées sont devenues trop compliquées, d'une exécution difficile et d'une usure rapide. Aussi n'a-t-on pas tardé à les abandonner.

Les machines oscillantes étaient alors très utiles permettant, comme elles le faisaient, de supprimer les bielles et le balancier. La transmission était absolument directe, c'était là leur principal avantage.

Dans la marine, on emploie quelquefois les machines oscillantes Compound, autre variété, mais ce n'est que dans quelques cas peu fréquents que leur emploi se présente.

Pour la navigation on commence à adopter les machines à pilon. Le cylindre est disposé verticalement, et le piston transmet son mouvement au moyen d'une tige-bielle, qui manoeuvre entre deux glissières, à la manivelle de l'arbre. Les bateaux de la Seine, à un seul cylindre moteur, sont du système à pilon. Dans la marine marchande, les machines à pilon sont assez répandues, grâce à leur peu de volume qui permet de les caser dans le milieu du navire.

Elles diffèrent des machines verticales également dites à pilon, en ce qu'elles ne font pas corps avec leur chaudière. Cette dernière est à distance et envoie sa vapeur au cylindre par un tuyau d'amenée de fluide muni d'un robinet. Le cylindre et le tiroir sont soutenus par deux montants de fonte, dont les parties intérieures servent de glissières à la tige du piston, laquelle est munie d'une

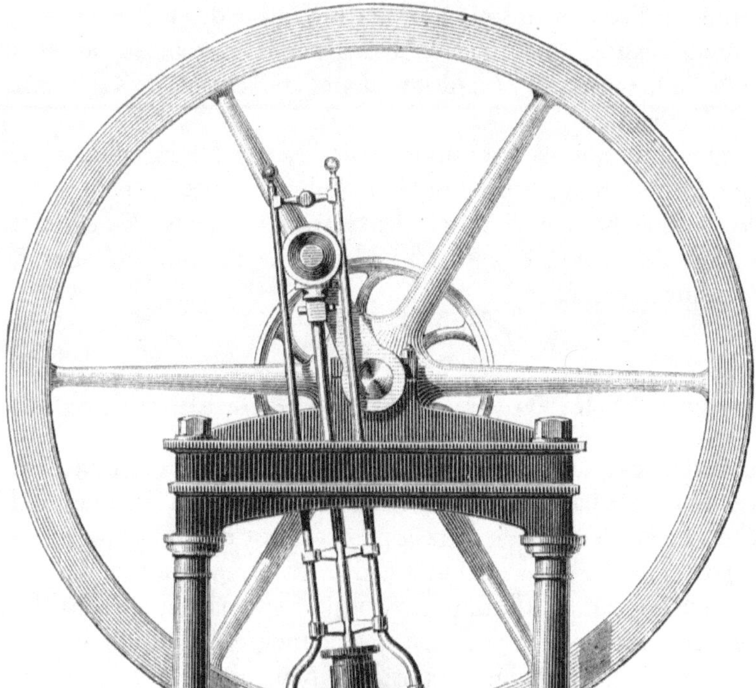

Fig. 59. — Machine à cylindre Cavé.

crosse. La tête de la bielle est montée à pivot sur le bouton de la manivelle et communique directement son mouvement à l'arbre de l'hélice.

On voit aussi des machines doubles à pilons, surtout quand les roues à palettes sont le moyen de propulsion adopté ; seulement, elles sont plus rares que les premières.

Comme on le voit, la disposition verticale a engendré bien des variétés de machines. Aussi trouve-t-on plus de machines verticales de petite puissance, que de machines horizontales. Cela tient au peu de dépense de consommation de ce genre de moteurs et aussi à leur emploi facile, ainsi qu'à leur marche toujours sûre et régulière.

3. MACHINES ROTATIVES, SEMI-ROTATIVES ET À PISTONS TOURNANTS.

Les machines rotatives, tout à fait différentes des autres, comme marche et construction, sont basées sur la puissance de la vapeur à haute tension. Plus la pression de cette dernière est forte et plus la vitesse de la machine est grande.

La première idée des machines rotatives à vapeur est due à M. Pecqueur, mécanicien français. Perfectionnées ensuite, les machines de MM. Uhler fils, Behrens, Braconier n'ont cependant donné que d'insuffisants résultats pratiques et leur emploi ne s'est répandu que dans quelques branches de l'industrie.

En France, après M. Pecqueur, ce sont MM. Péron, constructeur mécanicien, Bisschop et Rennie, Gray, et enfin M. Galy-Cazalat qui ont imaginé les meilleures machines rotatives.

La construction de ces différents appareils diffère naturellement quelque peu. La machine de M. Gray est dite à plateau et celle de MM. Bisschop et Rennie machine à disque (*disc-engine*).

Prenant pour exemple la plus simple des machines rotatives, la machine de M. Uhler fils (fig. 60), nous allons expliquer la marche de ces sortes de moteurs :

Sur l'arbre tournant est claveté un tambour circulaire monté excentriquement ;

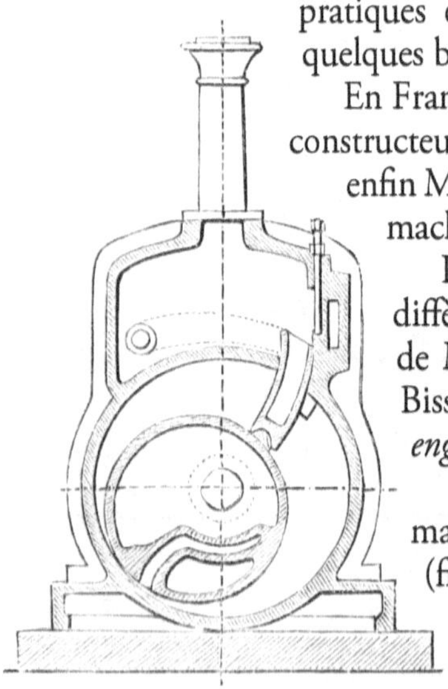

Fig. 60. — Machine rotative Uhler.

Fig. 61. — Machine à vapeur rotative de M. Behrens.

le seul point de sa circonférence où il touche le bord du cylindre intérieur, est percé d'un tube qui sert d'issue à la vapeur. A chaque révolution du tambour, la soupape est soulevée : une certaine quantité de vapeur entre, en raison même de son expansibilité, produit son effet utile en poussant le tambour qui accomplit une demi-révolution, puis elle termine son effet en poussant celui-ci à fin de course par sa détente successive. A ce moment l'issue d'échappement est ouverte et la vapeur, complètement détendue, s'échappe à l'extérieur. Peu après la soupape se relève, une nouvelle quantité de fluide s'introduit et contribue à la continuité du mouvement.

La machine de M. Behrens, dont nous donnons la reproduction (fig. 61), est double. Elle possède deux tambours découpés et dont la marche est différente de la précédente, un volant, qui sert en même temps de poulie de transmission, un modérateur-régulateur à boules et quelques appareils spéciaux. On l'a surtout accouplée avec une pompe rotative dont la construction est absolument semblable à la sienne. Cette application a eu le plus grand

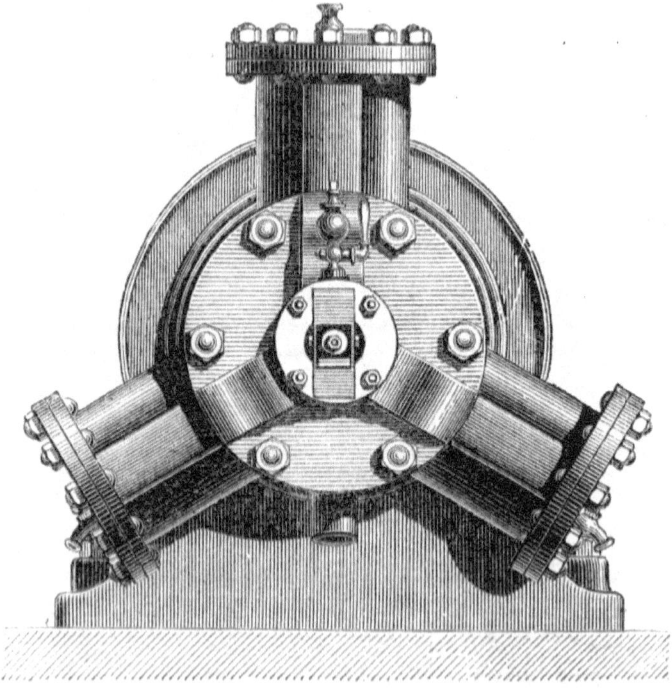

Fig. 62. — Moteur Broterhood.

succès en Amérique. A vrai dire le moteur hydraulique Dufort est une machine rotative. La vapeur appuie sur les ailettes et, par sa pression, les fait tourner. Dans les systèmes de MM. Pecqueur, Uhler, etc., cette pression s'exerce sur un tambour excentré, claveté sur l'arbre tournant.

Un grand inconvénient de ces sortes de machines est leur usure relativement plus rapide que celle qui a lieu dans toute autre disposition. A chaque révolution du tambour, les soupapes sont soulevées ; lorsque la vitesse est de 1500 tours à la minute, le frottement devient presque continu, les parties s'échauffent et, si l'on n'a pas soin de lubrifier constamment le tambour, les soupapes s'échauffent, se grippent, se déforment, et l'usure est excessivement rapide.

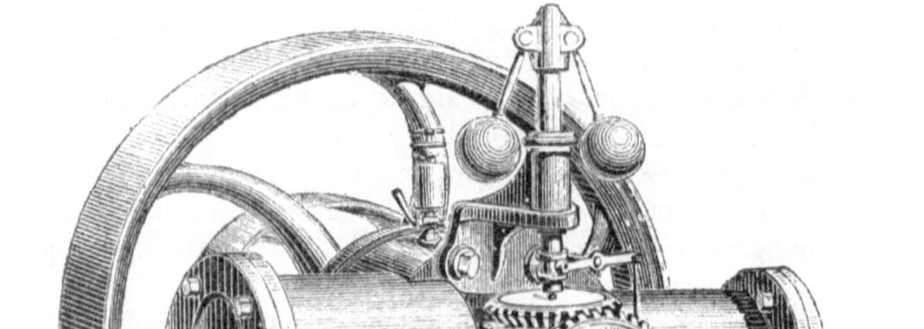

Fig. 63. — Moteur à vapeur Salomon et Tenting.

Il existe aussi une sorte de machines se rapprochant beaucoup des précédentes ; elles sont dites à cylindres tournants. Ce fut M. Romancé qui en eut la première idée. Mais la première qu'il construisit n'ayant donné aucun résultat pratique, vu son exécution délicate, cet ingénieur abandonna son invention qui, convenablement appliquée, aurait pu rendre de réels services.

Quelques années après, M. Broterhood, s'appuyant sur ces premiers essais, inventa une machine à pistons, se rapprochant beaucoup d'une machine rotative, sans en avoir les inconvénients.

Cette machine a trois cylindres (voir fig. 62), placés à des angles de 120 degrés les uns des autres et en communication avec une chambre centrale. Les tiges des pistons servent de bielles et sont attachées toutes trois sur le bouton de manivelle, dont l'extrémité est fixée sur un disque servant de tiroir. Les ouvertures d'introduction et d'échappement de ce tiroir sont, par suite de ce mouvement de rotation, mises successivement en communication avec les conduits de vapeur de chacun des cylindres. C'est d'après cette disposition si simple qu'est construite la machine.

Lorsque ce système est bien équilibré, la vitesse peut atteindre 2000 tours par minute ; seulement, les vibrations sont si intenses qu'elles produisent un son prolongé pendant la marche. La puissance de ces machines, pour un petit volume, est très considérable.

Leur avantage porte sur la suppression absolue de tout organe embarrassant : volant, balancier, bielle, modérateur, etc.

C'est la plus simple des machines à pistons et celle qui permet le mieux les grandes vitesses.

Cependant le moteur Salomon et Tenting que l'on a pu voir fonctionner à l'Exposition du Travail en 1885 était une machine également très ingénieuse.

Sans donner ici la description détaillée de ce moteur, nous nous bornerons à mentionner le principe même de l'invention.

Le piston est percé dans sa masse de deux conduits, correspondant avec la boîte à vapeur, et débouchant chacun du côté du cylindre ; la distribution a lieu par un mouvement de déplacement latéral du piston, combiné avec son mouvement longitudinal ordinaire. Ce mouvement latéral fait communiquer chacune de ses faces soit avec l'admission de vapeur, soit avec l'échappement.

Le mouvement de va-et-vient est transmis à l'arbre par les moyens mécaniques ordinaires (coulisse, bielle, etc.). Le piston est évidé en son milieu sur une grande partie de sa longueur, pour ménager la place des organes de transmission. Il présente en outre une échancrure permettant le passage de

Fig. 64. — Système de moteur à vapeur de Jacomy (vue perspective).

l'arbre. Un excentrique tournant avec l'arbre dans cette échancrure, provoque le mouvement de déplacement latéral, principe même de la distribution. Nous voyons donc que cette disposition, par suite de la suppression du tiroir, permet de donner au piston une longueur de course ordinaire, et aux organes de transmission les dimensions indiquées pour un bon fonctionnement.

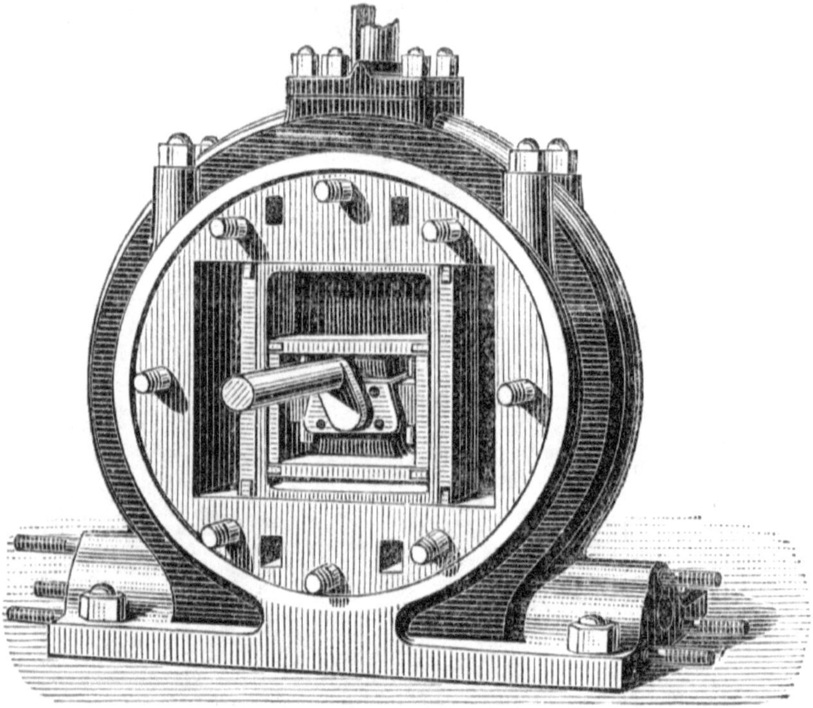

Fig. 65. — Vue en coupe du moteur Jacomy.

Il en résulte que, tout en présentant une réelle simplicité d'organes intérieurs, le moteur Salomon et Tenting donne un rendement mécanique comparable à celui des meilleures machines à vapeur. Il peut être appliqué, comme les machines rotatives, à la mise en marche des scies circulaires, générateurs dynamo-électriques, essoreuses, toupies, enfin tous les appareils demandant une grande vitesse de rotation.

A la même exposition de 1885, on pouvait voir différents types de machines à vapeur à grande vitesse. Citons la machine Westinghouse, dont l'extérieur rappelait l'aspect de la machine à trois pistons de Broterhood, la machine

Parsons ou cycle-turbine, donnant jusqu'à dix-huit mille tours par minute, enfin le moteur de M. Jacomy, officier d'artillerie (fig. 64).

Cette machine se compose de deux parties identiques formant chacune une machine distincte, symétriquement placées, et agissant sur les vilebrequins de l'arbre coudé dont les manivelles sont diamétralement opposées. Le bâti forme enveloppe de vapeur et sépare les deux machines.

Dans chacune d'elles, le piston monté sur la manivelle de l'arbre au moyen d'un coussinet en deux parties, est constitué par un cadre rectangulaire qui se meut verticalement dans un autre cadre formant cylindre et dont les côtés verticaux lui servent de glissière. Ce second cadre est aussi un piston qui se meut horizontalement dans une cage rectangulaire ménagée dans le bâti et dont les faces horizontales lui servent de glissières. La distribution de vapeur se fait par quatre tiroirs commandés par un excentrique calé sur l'arbre.

On comprend aisément le fonctionnement de cette machine : la vapeur arrive dans la boîte à tiroir formée par le plateau, agit sur une des faces du petit piston, s'échappe dans la partie intérieure comprise entre les parois de ce piston, puis vient se détendre sur le grand piston, puis s'échappe, soit à l'air libre, soit dans un condenseur. L'utilisation de la vapeur a lieu dans les meilleures conditions ; les pistons sont à double effet, et l'application du système Compound permet une économie considérable de vapeur.

Tels sont les moteurs simples et légers qui, inventés dans le cours de ces dernières années, ont eu un succès mérité et ont été appliqués dans l'industrie à la mise en marche d'un grand nombre d'appareils, au premier rangs desquels il faut placer les machines dynamo pour la production de la lumière électrique.

Partie VI

Moteurs domestiques

Il est peu de questions qui présentent autant d'intérêt que celle de la production de la force motrice, car la force motrice est le nerf de l'industrie humaine et, par suite, de la civilisation. Tout ce qui peut contribuer au développement de cette question si intéressante, à son extension et à son perfectionnement, tout ce qui permet au plus grand nombre de profiter de ses bienfaits, constitue un progrès important, et nous ne pouvons passer sous silence les efforts faits par les ingénieurs pour doter la petite industrie d'un moteur à la fois simple et économique. Au premier rang nous devons placer l'automoteur, récemment créé par M. Abel Pifre, ingénieur de grand mérite et ancien élève de l'École centrale des arts et manufactures.

En créant son appareil, M. Pifre a voulu mettre entre les mains de tous une source de force motrice commode, maniable, sans aucun danger et pouvant s'adapter en tous lieux.

Après avoir étudié les différents agents de production de force, il s'est arrêté à la vapeur d'eau qui est en effet le plus simple, le plus facile à produire, puisqu'en tous lieux il y a de l'eau et du combustible, et le plus varié dans ses applications.

Mais, autant la vapeur d'eau est d'un emploi avantageux lorsqu'il s'agit des machines puissantes, pour lesquelles la dépense d'un chauffeur ne constitue qu'une fraction minime des frais d'entretien, autant la machine à vapeur

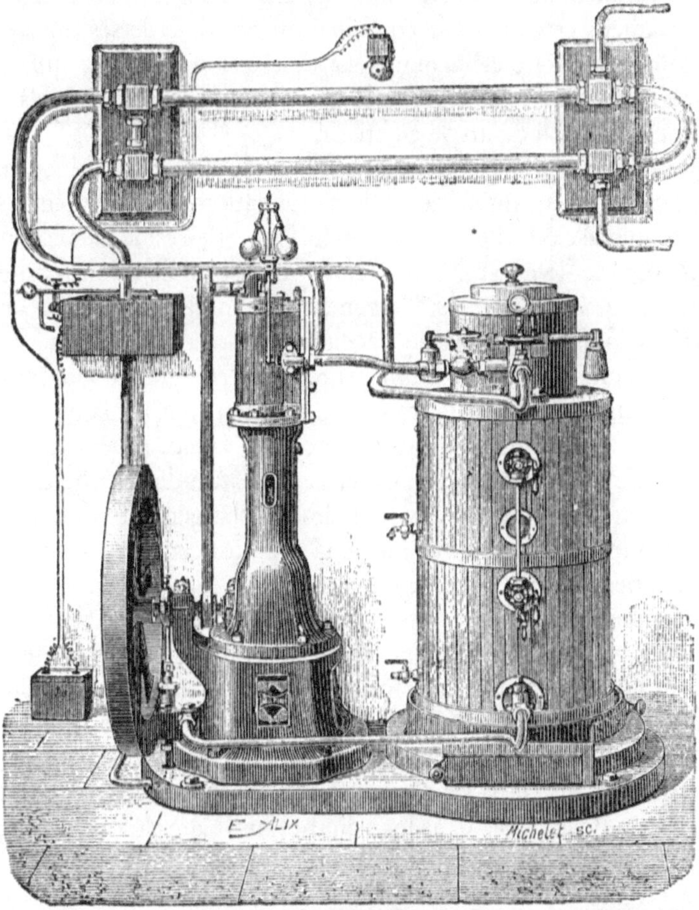

Fig. 66. - Automoteur Abel Pifre.

ordinaire de petite force est d'un emploi difficile, car son chauffeur coûte aussi cher que celui de la grande machine et devient un empêchement absolu dans presque tous les cas pour le petit industriel comme pour le propriétaire rural.

L'invention de M. Abel Pifre a donc consisté à transformer la machine à vapeur de petite force, de manière à la débarrasser de tous les inconvénients qui rendent nécessaire la présence d'un homme spécial et chauffeur de profession pour la conduire et l'entretenir à tout instant. Il a dénommé son appareil « automoteur » parce qu'il constitue réellement un moteur se suffisant à lui-même et donnant sa force sans nécessiter de sujétions ou de soins particuliers, et cela par la combinaison nouvelle de ses organes, et en restant d'une simplicité élémentaire. La description succincte qui va suivre montrera quels sont les moyens employés par M. Abel Pifre et quels résultats sûrs et économiques il est arrivé à obtenir.

L'ensemble se compose d'un générateur et d'une machine, verticaux tous deux et réunis sur un même socle de fondation. Le générateur a l'aspect extérieur d'un poêle calorifère, et son mode d'entretien est le même. Il présente à sa partie supérieure un couvercle fermant une sorte de trémie par lequel se fait, à très longs intervalles, le chargement du combustible, coke, ou toute autre matière non susceptible de s'agglutiner par la chaleur. La vapeur est produite dans une série de tubes qui assurent une très grande rapidité de mise en pression, une grande puissance de vaporisation sous un faible volume, et une inexplosibilité absolue. La pression de cette vapeur se règle uniquement par l'ouverture du registre au tirage, et la régularité de marche est parfaite, puisqu'elle est indépendante des périodes de chargement du combustible, lesquelles n'altèrent jamais le régime de la combustion, qui n'a lieu que dans la partie inférieure de la trémie de chargement.

La machine qui utilise la vapeur produite dans le générateur est d'une simplicité de mécanisme élémentaire, attendu qu'elle ne comporte, comme la plus simple des machines à vapeur, qu'un vilebrequin et une bielle de distribution. Le cylindre est construit en métaux choisis de telle sorte que, concurremment avec les garnitures des pistons et tiroirs, il ne nécessite aucun autre corps lubrifiant que la vapeur qui circule dans son intérieur. Le graissage, si onéreux et si désagréable dans les cylindres ordinaires, est donc supprimé ; il ne reste plus que le graissage des paliers de rotation lequel, chacun le sait, ne constitue pas une dépense appréciable.

Enfin, la suppression du graissage du cylindre n'a pas pour but unique de supprimer une dépense, mais elle permet d'utiliser pour l'alimentation de la chaudière la vapeur même qui en est sortie. En effet, la vapeur qui sort du cylindre, après y avoir effectué son travail est conduite, par le tuyau d'échappement, à travers un système de tubes où circule un courant d'eau quelconque qui la refroidit et la convertit en eau. Cette eau, qui est pure de tout corps gras, distillée et à une température qu'on peut obtenir aussi haute qu'on le désire en réglant le courant d'eau de réfrigération, tombe dans un récipient d'où elle est prise par la pompe alimentaire.

Fig. 67. — Moteur Friedrich.

L'automoteur dispense d'avoir un chauffeur puisque l'entretien du feu et de la pression dans la chaudière se font automatiquement, par un mode analogue à celui des poêles calorifères ordinaires, sauf la différence de combustion qui, dans l'automoteur est intense et capable de fournir de la vapeur à haute pression. De même, l'alimentation de l'eau dans la chaudière, se fait automatiquement, grâce au cycle même décrit par la vapeur et sans qu'il y ait d'emploi d'aucun artifice mécanique compliqué et sujet à dérangements. C'est toujours la même eau qui sert, tout ce qui est sorti de la chaudière y rentre forcément et sans réclamer aucun réglage, et la chaudière ne peut s'incruster. Enfin, la suppression du graissage du cylindre évite une dépense assez importante et la malpropreté qui en résulte.

Il faut ajouter que dans cet appareil, où il n'y a pour ainsi dire que trois ou quatre pièces mobiles, on a prévu un arrêt temporaire de la pompe alimentaire, par suite d'un corps étranger ou de toute autre cause. Pour cela, un flotteur qui établit un contact électrique lorsque, cette pompe cessant de refouler, la vapeur condensée s'accumule dans le récipient d'alimentation, avertit par la sonnerie qui entre en action qu'il y a lieu de nettoyer les clapets. De même, une disposition très simple du manomètre fait retentir la sonnerie lorsque l'aiguille atteint la limite de pression prescrite.

L'automoteur se construit pour des forces de 1/4, 1/2, 1, 2, 3 et 4 chevaux. Le combustible qu'on y emploie est du coke ou tout autre combustible ne s'agglutinant pas par la chaleur.

Le moteur à vapeur domestique Friedrich est assez répandu chez les petits industriels, car il présente les avantages suivants : sa chaudière, faite d'un seul morceau et non pas rivée est d'un démontage très facile : le chauffage se règle de lui-même et brûle la fumée. Comme la vapeur est condensée, le niveau de l'eau est constant et les incrustations ne sont pas à craindre. De plus, quoiqu'on puisse brûler toute sorte de combustible, si l'on chauffe à la houille, la consommation n'est pas supérieure à 3 kilogrammes par cheval et par heure, et la vaporisation est rapide, vu la grande surface de chauffe de la chaudière, on peut mettre en pression en une demi-heure à peine.

Ces qualités expliquent comment cette machine, dont la force ne dépasse pas quatre chevaux, s'est ainsi vulgarisée. La figure 67 nous montre la forme extérieure du moteur Friedrich. Le mécanisme est disposé sur le dessus de la chaudière que l'on peut visiter en dévissant simplement les écrous qui retiennent la plaque supérieure. Le foyer est muni d'un entonnoir pouvant contenir pour environ deux heures de charbon. Le combustible se distille avant de tomber sur la grille et brûle ensuite sans fumée. La chaudière utilise très bien la chaleur produite et les gaz s'échappent par la cheminée à une faible température.

La combustion est réglée automatiquement, d'après la dépense de vapeur, par un appareil spécial placé sur le côté de l'entonnoir. Cet appareil agit sur un clapet qui s'ouvre ou se ferme selon que la pression s'élève ou s'abaisse.

On voit, par ce qui précède, qu'il est inutile qu'un chauffeur soit à poste fixe près de la machine ; cette dernière marche absolument seule ; de temps en temps, c'est-à-dire environ six fois par jour, on vient la surveiller et y mettre du charbon.

L'eau réfrigérante est amenée au condenseur par un tuyau, et l'eau chaude s'écoule par un autre tuyau. Quand on manque d'eau pour condenser, le moteur marche à échappement libre ; son fonctionnement est toujours très régulier, mais il faut dire que quelques-uns des avantages signalés plus haut disparaissent.

Moteur Daussin. — C'est dans le but de créer une force motrice toujours disponible et pouvant, dans la généralité des cas, être considérée comme gratuite, qu'ont été imaginés et réalisés le petit moteur à vapeur et le frein régulateur que nous allons décrire avec les détails techniques que comporte ce sujet intéressant ; le moteur se compose :

1. D'un couvercle de poêle servant en même temps de calotte à la chaudière et de socle au mécanisme ;
2. D'une chaudière d'environ un litre de capacité pouvant se placer sur l'ouverture d'un poêle ou fourneau quelconque. Cette chaudière est formée par le couvercle et par un fond réunis par des vis et un joint d'amiante. Le fond est garni de tubes pendentifs en nombre et de longueur tels que la surface de chauffe de la chaudière ainsi constituée est de 23 décimètres carrés ;
3. D'une colonne creuse faisant corps avec la chaudière ; cette colonne sert de chambre de vapeur; elle renferme l'appareil d'alimentation décrit ci-après et supporte le mécanisme moteur composé du cylindre oscillant actionnant le volant ;
4. D'un appareil d'alimentation automatique. Cet alimentateur se compose d'une boîte cylindrique fixée sur un axe, que fait tourner, à l'aide d'un rochet et à raison d'un tour pour quarante tours du volant, un cliquet actionné par l'arbre moteur.

Voici comment on emploie le système :

Supposons le moteur placé sur le côté d'un poêle et relié à son réservoir d'eau par deux tuyaux en caoutchouc. Quand on veut obtenir de la force motrice, on enlève le couvercle ordinaire du poêle et on le remplace par le moteur. Grâce à la surface de chauffe relativement grande de la chaudière, l'ébullition se produit rapidement même avec un feu très faible. En attendant que la pression soit suffisante, ce qui arrive au bout de deux ou trois minutes, on relie l'outil, la machine à coudre, par exemple, au moteur par une corde sans fin passant sur le volant du moteur et sur la poulie du frein fixé sur la machine à coudre.

On a eu le soin, en plaçant le moteur sur le feu, de tourner le volant de telle manière que le bouton de la manivelle dépasse le point mort du bas de la course du piston. La soupape-tiroir présente alors sa lumière à la rainure du cylindre. Aussitôt que la pression est suffisante, le moteur se met en marche de lui-même en actionnant la machine à coudre, dont on n'a plus qu'à accélérer, ralentir ou arrêter le mouvement au moyen de la pédale du frein, sans qu'on ait le moins du monde à se préoccuper du moteur, dont l'alimentation régulière est assurée de la façon la plus absolue.

Quand on veut cesser tout travail on jette, d'un coup de doigt, la corde en bas de la poulie du moteur, on arrête le moteur par la simple pression de la main droite sur le limbe du volant, on le retire du foyer et on le replace à côté, sur le poêle même, à sa place de repos.

L'expérience démontre que ces manipulations sont des plus pratiques ; le moteur, vu son faible poids, est placé sur le feu et en est retiré avec la plus grande facilité ; son arrêt avec la main se fait très aisément, les pièces qui le composent sont des plus simples, très robustes et non susceptibles de dérangement.

Moteur Isoard. — M. Isoard, ingénieur français, est le premier qui ait eu l'idée de substituer un tube roulé en serpentin aux chaudières et générateurs tubulaires. Ce tube contient l'eau à vaporiser. L'alimentation se fait au moyen d'une pompe foulante, lançant une certaine quantité d'eau rigoureusement mesurée, et qui se vaporise presque instantanément, le tube étant directement exposé à la chaleur du foyer.

De la chaudière cette vapeur surchauffée et à haute tension passe dans le cylindre moteur, disposé verticalement et jouant de haut en bas, contrairement à l'usage ordinaire. Le foyer, dans ce système, est du coke brûlant sur une grille en fer. Les moteurs qui vinrent après furent chauffés au gaz, ce qui constitue déjà un progrès.

Le grand avantage du générateur de M. Isoard était l'immense surface de chauffe placée sous l'action des flammes et la prodigieuse pression de la vapeur ainsi obtenue.

Fig. 68. — Moteur Tyson faisant manoeuvrer un punkhas ou ventilateur.

Ainsi, sans que la marche du mécanisme moteur en fût troublée, la pression a pu être amenée jusqu'à 50 atmosphères, 50 kilogrammes par centimètre carré de surface ; seule la vitesse de rotation fut augmentée jusqu'au triple du nombre de tours ordinairement accomplis dans le même temps..

Dans les machines à vapeur simples, on ne saurait dépasser une certaine pression sous peine de voir éclater la chaudière, ce qui peut causer des catastrophes épouvantables. Dans le générateur Isoard, ces accidents perdent beaucoup de leur importance car, en admettant que le serpentin se rompe sous l'excès de la pression, l'effet serait insignifiant, la vapeur étant en très petite quantité dans le tube. Ce fait, d'ailleurs, ne se pourrait produire que dans un cas exceptionnel, par suite de la mauvaise qualité du métal ; l'épaisseur du tube étant calculée pour résister à une pression de 70 atmosphères.

Après l'inventeur français, M. Tyson a imaginé un petit moteur chauffé aux huiles minérales et dont les organes sont fort ingénieusement disposés. Le tube dans lequel l'eau se trouve vaporisée, enroulé deux fois sur lui-même, est en cuivre, d'une longueur totale de 150 mètres et 15 millimètres de diamètre. Le cylindre moteur est du type oscillant, c'est-à-dire qu'il est monté sur deux pivots. L'un est en acier et en cône tronqué, l'autre est le tube d'arrivée de vapeur. La transmission se fait donc directement sans balancier ni bielles ; la tige du piston seule sert de guide.

Toutes les pièces composant ce petit moteur étant légères, quoique solides, son poids est faible relativement à sa puissance. Il pèse 17 kilos ; sa force dynamométrique est de 2 kilogrammètres 3 par seconde, effort plus que suffisant pour actionner des machines à coudre, et des punkhas, palettes de toile qui servent, par leur battement, à rafraîchir l'air dans les pays chauds (fig. 68).

Puisque nous parlons de kilogrammètre, nous saisissons l'occasion qui nous vient d'expliquer ce que ce terme signifie.

Le kilogrammètre est, en mécanique, l'unité de travail, comme la calorie est l'unité de chaleur. Produire un effort de 1 kilogrammètre, c'est soulever, en une seconde, un kilogramme à 1 mètre de hauteur. Pour déterminer la puissance d'un moteur, on se sert du terme cheval-vapeur, qui veut dire, force de 75 kilogrammètres par seconde. Une machine de 10 chevaux développe donc par seconde de temps 750 kilogrammètres, ce qui correspond à l'effort à déployer pour enlever 750 kilos à 1 mètre ou 75 kilos à 10 mètres. Le cheval-vapeur est le point de départ pour compter la puissance. Il n'a aucun rapport avec le cheval vivant, dont la force n'est que 40 kilogrammètres en moyenne.

Le moteur Tyson est d'une force de 1/25 de cheval-vapeur. C'est peu, mais suffisant pour son travail.

M. Broquet, constructeur parisien a changé, dans sa machine verticale, le mécanisme moteur (voir fig. 69). D'abord il est placé sur le socle de fonte sur lequel repose la chaudière. Cette disposition permet d'éviter les trépidations à cette dernière, ce qui prévient les dislocations de la tôle. La chaudière n'offre rien de remarquable ; il n'y a que les pistons, dont la structure est toute différente de celle des pistons ordinaires.

Ils sont dits conjugués, et leurs tiges sont attelées directement sur un coude de l'arbre moteur.

Fig. 69. — Moteur rationnel.

Leur mouvement se transmet directement à l'arbre coudé du volant. La marche de ce moteur, rationnel d'après son inventeur, est fort douce, sans chocs, voulons-nous dire. Son chauffage est le coke, différant en cela du moteur Tyson, dont le foyer est une lampe à pétrole ou à essence.

Si le moteur Tyson est chauffé aux huiles minérales, le moteur Jullien a un avantage sur lui, car il est chauffé au gaz d'éclairage. Pour sa marche on établit un tuyau de caoutchouc sur un robinet, on allume le gaz, et cinq minutes après il est en pression. Il ne contient que 250 grammes d'eau, laquelle, à mesure que la vaporisation s'opère, est remplacée par le jeu d'un injecteur spécial à la machine. Ce système de chauffage est plus économique que la houille. Tout en dépensant une force d'un 1 /2 à 1 cheval-vapeur, le moteur Jullien ne consomme que 11 à 1200 litres de gaz par heure. Il est moins sujet aussi que les machines à vapeur ordinaires à s'encrasser. Il donne peu de fumée, sa marche est silencieuse, son volume est minime et le bruit de crachement produit par l'échappement de la vapeur est beaucoup atténué.

MM. Rouart frères, constructeurs, possèdent aussi un type de petit moteur qu'ils ont nommé moteur domestique (M. H. Fontaine, inventeur). C'est une chaudière à bouilleurs intérieurs, cylindrique et montée sur trois pieds. Ses constructeurs se sont efforcés de la rendre inexplosible, en l'entourant d'une épaisse chemise en bois retenue par de forts cercles de cuivre. Le mécanisme de transmission, presque imperceptible, est fixé sur le ciel ou partie supérieure de la chaudière. Il se compose d'un piston avec cylindre oscillant, d'une petite roue pleine servant de volant et de poulie ; la tige du piston est fixée directement sur l'arbre tournant. Comme autres dispositions ce système n'offre rien de particulier.

Nous terminerons ce chapitre en disant deux mots, d'après la Nature, de la plus petite machine à vapeur du monde, laquelle a été construite et expérimentée en Amérique par un horloger, M. D. A. Buck. On va voir qu'il s'agit d'une merveille d'habileté manuelle. La machine avec sa chaudière, son régulateur de vitesse et sa pompe d'alimentation n'occupe pas en surface plus de 7/16e de pouce carré, soit moins de 3 centimètres carrés.

La machine elle-même, sans compter la petite table sur laquelle elle est placée pour la faire un peu ressortir, n'a pas plus de 16 millimètres de hauteur. Elle n'est pas composée de moins de cent quarante pièces distinctes, reliées entre elles par cinquante-deux écrous. Il suffit de trois gouttes d'eau pour remplir la chaudière. La course du piston est de 2 millimètres 3, et son diamètre est un peu moindre que 1 millimètre 1/2. La machine entière ne pèse qu'un gramme. Un dé à coudre ordinaire suffit pour la recouvrir entièrement et la protéger.

Ce qu'il y a de plus curieux dans cette petite merveille d'habileté mécanique et, on peut le dire, de patience, c'est qu'elle a parfaitement fonctionné comme l'aurait fait un grand modèle.

Partie VII

Comment on conduit une machine à vapeur

En dehors des ingénieurs et des personnes qui ont fait de la mécanique la base de leurs études ou le but de leurs travaux, il est rare de trouver quelqu'un capable seulement d'expliquer comment marche une machine à vapeur. Nous allons donc nous efforcer de décrire, le plus clairement qu'il nous sera possible, ce qu'il faut faire pour mettre en pression et conduire un de ces moteurs de la manière la plus régulière et la plus propre à éviter les accidents produits par le manque d'expérience des conducteurs, chose qui n'arrive, hélas ! que trop souvent.

Supposons un instant que nous ayons à diriger une locomotive Crampton (fig. 70).

Sitôt qu'une machine a terminé sa course, elle arrive au remisage. Là, le chauffeur visite les essieux et les boîtes à graisse, fait jouer les tiroirs et les nettoie, huile la coulisse de Stephenson, les robinets et les godets graisseurs, décrasse les tiges des pompes, et s'assure du bon fonctionnement de toutes ces pièces. Ensuite il vide la chaudière, secoue les grilles et le cendrier, ouvre la porte de la boîte à fumée ; puis, armé d'une longue tige de fer munie à un bout d'un tampon de drap et à l'autre d'une brosse comme un écouvillon, il l'enfonce dans les tubes et les nettoie. Il brosse et balaye également la boîte à fumée, la cheminée et toutes les parties susceptibles de retenir la suie et la crasse. Enfin il repolit les cuivreries noircies par le voyage et redonne à son coursier de fer le brillant de la nouveauté ; maintenant sa machine est prête à être chauffée.

Le train se forme sous la ferme vitrée de la gare, le mécanicien arrive, passe une minutieuse inspection des pistons, freins, tiroirs, pompes et monte enfin avec son aide sur la plate-forme. Suivons-les.

Le tender, chargé d'énormes briquettes de houille et sa caisse remplie d'eau, est accroché derrière la locomotive. Dans le foyer de celle-ci le feu est prêt. Alors le chauffeur remplit la chaudière de l'eau qui arrive par le tuyau de cuir vissé sur la prise du quai. Bientôt le tube de niveau d'eau indique le point où l'alimentation doit cesser. Le robinet est alors fermé, le chauffeur entasse les mottes de charbon dans le foyer et allume le feu. Le capuchon de la cheminée est ouvert en plein et la flamme gronde.

Au bout d'un certain temps, d'une heure environ, l'eau bouillonne dans le tube de niveau ; l'ébullition commence, peu après l'aiguille du manomètre tremble, oscille et marque 1, 2, 3, 7, 9 atmosphères ; la machine est en pression, on peut partir.

Lorsque la pression s'élève, les soupapes fuient ; mais le mécanicien les assujettit et les règle de manière à ce qu'elles jouent facilement à la pression qu'il serait dangereux de dépasser. Le chauffeur desserre les freins, allume le fanal placé à l'avant de la locomotive et prépare les longerons et chaînes d'attelage.

Le signal est donné, un coup de sifflet se fait entendre ; le mécanicien appuie sur le levier du régulateur et ouvre l'issue des cylindres où la vapeur se précipite. En même temps il ôte le volant de changement de marche du point mort, le fixe sur la marche en avant et enfin règle l'intensité du tirage.

La vapeur se précipite par les tiroirs entrouverts, le piston commence son mouvement de va-et-vient, les roues tournent, et nous avançons, d'abord lentement, mais de plus en plus rapidement, à mesure que le mécanicien ouvre le régulateur.

Comme il pourrait se trouver quelques ordures et de l'huile dans le cylindre, ce dernier ouvre, au moyen d'une tringle, les robinets purgeurs des cylindres, et la vapeur qui vient de pousser le piston au lieu de s'échapper par la cheminée, s'enfuit par ces robinets avec un bruit assourdissant. C'est de ces issues que s'échappe la vapeur, dont le tapage étonne tant de personnes.

Mais nous arrivons à l'aiguille ; le mécanicien ferme le régulateur et, entraînés par la vitesse acquise, nous dépassons le croisement. L'aiguilleur a abaissé son levier, le rail mobile a fait un mouvement imperceptible. Nous

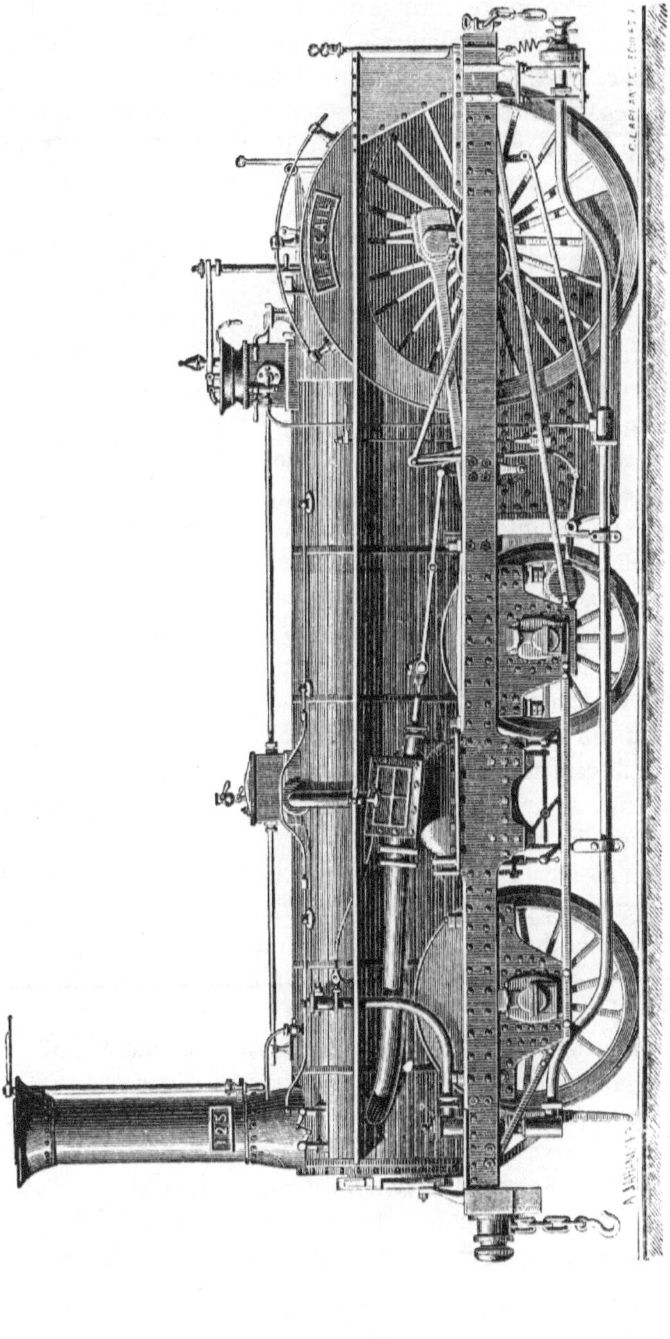

Fig. 70. — Locomotive Crampton.

pouvons passer. Le volant de changement de marche est alors manoeuvré par le mécanicien, les tiroirs changent de position, la coulisse intervertit le mouvement des excentriques et le régulateur est rouvert.

Nous voilà repartis marche en arrière ; nous arrivions de la gauche et nous retournons à droite. La marche s'accélère et nous rentrons dans la gare où le train rempli de voyageurs nous attend. C'est le train rapide, et nous sommes sur la locomotive l'Escaut qui va nous emporter vers les régions du Nord.

Bientôt la cloche sonne, et le sifflet du chef de gare, auquel celui de la locomotive répond, retentit. Les freins sont desserrés, le volant remis sur la marche en avant et le régulateur ouvert. On part, la vitesse s'accroît et arrive à son point normal. Le chauffeur charge le foyer, le mécanicien, l'oeil fixé sur le manomètre et une main sur le levier, surveille la pression. Il faut aussi qu'il veille aux signaux, et de temps en temps le sifflet envoie ses sons prolongés et mélancoliques à travers la nuit claire. Quant à nous, quoique abrités par l'auvent vitré de la colonne d'air, l'air, en réalité calme, nous semble emporté avec une vitesse fantastique et nous fouette bruyamment le visage. Ô sublime poésie de la science, que tu as d'attraits lorsque, monté sur ce coursier de feu, on se sent emporté comme sur les ailes du vent !...

A mesure que l'eau de la chaudière s'épuise, l'injecteur Giffard la renouvelle. Ceci est l'ouvrage du mécanicien, de même qu'il lui appartient de réchauffer l'eau qui arrive du tender, avec un simple jet de vapeur.

Une demi-heure après, apparaissent non loin de nous, à un kilomètre au plus, les feux qui caractérisent les stations. L'eau du tender étant épuisée, il faut renouveler notre provision, et pour cela atteindre la grue hydraulique, dont le tuyau de cuir surplombe la voie.

Voici le disque-signal avec sa lumière blanche; nous sommes à 800 mètres de la gare et il est temps de faire agir les sabots des freins. Deux coups de sifflet brefs retentissent ; le chauffeur visse le volant, les sabots de fer maintiennent les roues et ralentissent la vitesse du train. Un coup de sifflet, les sabots se desserrent, mais la machine va dépasser la grue..... Le mécanicien alors appuie sur le levier du frein à vide, le manomètre à vide marque 80, 30, 50, 20 centièmes d'atmosphère et le tender s'arrête juste sous le tuyau.... Relevant la manette, l'air rentre et l'action du frein cesse instantanément.

Pendant que les voyageurs changent de voiture, montent ou descendent des wagons, la boîte du tender se remplit d'eau, le chauffeur tisonne le feu, et le mécanicien ne manque pas de descendre pour vérifier l'état et le degré d'échauffement des pièces, graisser le système de changement de marche, la coulisse de Stephenson et son contrepoids, le collier des excentriques, la tête des bielles, renouveler l'huile des godets et des graisseurs à boules. Enfin, il descend dans la tranchée pratiquée entre les rails, pour resserrer au moyen de la clef anglaise les boulons et écrous qui auraient pu se dévisser pendant le

Fig. 71. — Arrière d'une locomotive.
Type des chemins de fer d'Orléans.

A, levier du régulateur d'introduction de vapeur. — B, volant de distribution de vapeur et de changement de marche. — C, tube de niveau d'eau. — D, robinets d'épreuve ou de jauge avec la clarinette. — E, sifflet d'alarme. — FF' soupapes-balances. — GG'G", chaînes d'ouverture des portes du foyer HH'. — I, manomètre. — J, petit volant pour le réchauffeur de l'eau du tender. — K, injecteur Giffard ; K', crépine d'aspiration; K", tuyau de refoulement. — L, manomètre indiquant le vide. — L', manette de la sablière. — M, lanterne. — N, tige-crémaillère manoeuvrant les grilles du foyer O. — O, dôme des soupapes. — Z, tablier préservateur de la colonne d'air.

trajet par suite des trépidations de la machine. Il vérifie, enfin, l'état des boîtes à graisse et des tubes à feu.

Ce travail a pris cinq minutes; la boîte du tender est pleine, la pression est au maximum et les soupapes fuient avec fracas.... Le sifflet du chef de train se fait entendre, le mécanicien y répond, et en même temps il ouvre le régulateur.

Les roues, légèrement grasses, glissent, patinent sur les rails. Aussitôt le chauffeur y remédie ; il ouvre, au moyen d'une longue tringle, le robinet de la sablière. C'est une sorte de marmite placée sur le corps cylindrique de la chaudière, et remplie de grès. Deux tubes conduisent ce grès jusqu'à la circonférence extérieure des roues motrices de façon à obtenir l'adhérence sur le rail. Mais lorsque la machine marche en arrière, il est impossible de remédier au patinage des roues ; le grès tombe en avant et se perd inutilement revient à sa tension normale et les soupapes cessent de bruire.

Mais qu'y a-t-il ? Un accident est-il arrivé ? Que signifie la lanterne rouge du disque qui se présente de face à la voie et le cantonnier qui court vers nous en agitant sa lanterne au bout de son bras tendu ? Ceci a sans doute une signification, car le mécanicien ferme précipitamment le régulateur, tourne le volant de changement de marche et fait entendre un coup de sifflet sec. A ce signal, les freins sont serrés, les roues patinent et, au bout d'un instant, cent mètres après le disque d'alarme, le train est arrêté. Alors, pour éviter une surproduction de vapeur dangereuse, les robinets d'échappement sont ouverts en grand et le fluide s'échappe avec bruit.

Le chauffeur est descendu, l'obstacle qui se trouvait sur la voie est enlevé, et, après cinq minutes d'arrêt, nous reprenons notre course.

Les stations succèdent aux stations. Nous passons sous un tunnel, nous traversons un pont-viaduc, on est harassé, la machine seule souffle toujours avec la même énergie. Heureusement, voici la gare ; nous sommes arrivés. Les heurtoirs qui sont devant nous semblent nous dire : *Vous n'irez pas plus loin.*

Mais les manoeuvres ne sont pas terminées ; la locomotive et son tender sont détachés du train et placés sur une plaque tournante. Nous faisons un demi-tour et nous nous retrouvons sur une autre ligne. Marche en avant ! nous repartons et, cinq cents mètres au delà de la gare, nous nous arrêtons. Alors le mécanicien saisit la poignée qui retient les grilles et la tire à lui ; elles basculent et le charbon, encore tout brûlant, tombe dans une tranchée, pratiquée à cet effet entre les rails. Tous les robinets sont ensuite ouverts, l'eau bouillante et la vapeur s'échappent avec fracas, l'aiguille du manomètre revient à zéro et le tube de niveau se vide. C'en est fait, le voyage est terminé, la locomotive va retourner au remisage pour reprendre demain son service accoutumé ; le chauffeur et le mécanicien s'éloignent pour goûter un repos justement gagné, et nous partons avec regret, mais émerveillés de la marche de la machine qui nous a conduits en quelques heures de Paris à Calais.

Partie VIII

Des explosions

On vient de voir comment on conduit une locomotive ; une machine fixe ou un bateau à vapeur se conduit de même ; seulement, dans l'une il y a souvent un condenseur, et, dans l'autre, le volant de changement de marche est remplacé par une tige d'embrayage.

Lorsqu'une machine est en pression, que l'eau est à la hauteur voulue, que le feu est également blanc partout et que le tirage se fait bien, il y a donc deux règles qu'il ne faut pas enfreindre. D'abord, pour une raison d'économie et de sécurité, il faut ne charger le foyer qu'à intervalles mesurés, de manière à maintenir constamment la pression au même degré. Ensuite — chose également importante — il faut que l'alimentation soit régulière ; trop peu de liquide dans la chaudière pouvant provoquer une explosion et trop nuisant à la production de vapeur.

Une chose à observer, lorsque l'on conduit pour la première fois une machine à vapeur, est de n'ouvrir que petit à petit et non tout d'un coup le régulateur. En procédant autrement, on risquerait de voir les mouvements du piston s'accélérer d'une façon anormale, ce qui peut occasionner la rupture ou tout au moins la torsion de la bielle et de l'arbre de couche.

En maintenant avec un bon feu, toujours égal, et en alimentant lorsque le niveau de l'eau descend, il est rare qu'un accident se produise. C'est presque toujours à l'oubli de ces principes que l'on doit les désastres qui détruisent une usine et sèment la mort et la désolation. Car l'explosion d'une machine à vapeur, de quelque manière qu'elle se produise, n'est due qu'à ces deux causes, isolées ou réunies. Le feu devient trop vif, la pression monte trop rapidement, un surcroît de vapeur se forme, la tôle, trop mince pour résister, se déchire, et projette ses éclats meurtriers à une grande distance. Ou bien c'est l'eau qui baisse ; l'alimentation ne se faisant pas, les tôles rougissent et se déforment. Si un courant d'eau froide arrive sur ces parois rougies, une surproduction de vapeur considérable est formée en un moment et, avant que les soupapes aient joué, crève la tôle et s'échappe au dehors. Malheur à ceux qui se trouvent près de là, l'eau bouillante et la vapeur brûlent et mutilent affreusement !

Quelquefois aussi l'explosion d'une chaudière dépend d'une autre cause. Ce sont les soupapes trop chargées, ou qui ne peuvent jouer. « *Le mécanicien qui assujettit ses soupapes, dit l'ingénieur anglais Fairbairn, ressemble à l'insensé qui se précipite dans un magasin à poudre avec une torche allumée.* » Et la comparaison est aussi vraie qu'énergiquement rendue. Aussi ne peut-on prendre assez de précautions lorsqu'on chauffe une machine. Il faut s'assurer si le manomètre est juste, si les soupapes fonctionnent bien, et si l'eau est à une hauteur raisonnable, au moyen des robinets de jauge ou de la clarinette de niveau d'eau. Malgré cela il arrive encore des catastrophes. On se souvient du terrible accident qui se produisit, il y a quelques années, chez un constructeur parisien. L'eau d'alimentation avait gelé, par suite d'un froid excessif, dans le tuyau d'aspiration. Les tôles rougirent et crevèrent. Un énorme morceau de fer, lancé par la force de projection de la vapeur, traversa un mur de vingt centimètres d'épaisseur et fut retrouvé dix mètres plus loin.

Les incrustations ou dépôts calcaires que l'eau, après avoir longtemps bouilli, laisse dans la chaudière, peuvent aussi occasionner des explosions. En effet, la chaleur du foyer ne se transmet pas jusqu'à l'eau, elle se perd, ou plutôt ne sert qu'à faire rougir à blanc l'enveloppe du générateur. Si par malheur cette croûte se décolle, l'eau arrive brusquement, un surcroît de vapeur est produit et la chaudière éclate. Le plus sûr remède des incrustations est un produit chimique, le désincrustant Vicat qui, mélangé à l'eau, les empêche de se former.

Il arrive aussi que l'eau privée d'air peut être d'une température de plus de 100 degrés, sans pour cela bouillir. Mais le moindre choc ramène l'ébullition, et la vapeur qui se forme tout à coup peut causer un accident, ou tout au moins des avaries graves. Donc, dans la pratique, une machine doit être conduite avec le plus de soin possible. C'est en réparant un défaut aussitôt qu'il se montre, en graissant les pièces à mesure qu'elles s'échauffent, en surveillant incessamment les appareils de sûreté, le jeu des pompes, le tirage, que l'on parvient à réaliser de véritables économies de combustible, et à prévenir la plupart du temps les malheurs terribles qui nous frappent de temps à autre. Il est donc plus avantageux, pour les industriels qui possèdent un moteur à vapeur, d'en confier la direction à un homme intelligent, capable et surtout robuste, plutôt qu'à des manoeuvres, à des hommes de peine ne possédant que la routine, non la science et le sang-froid nécessaires pour parer à toute éventualité.

C'est en suivant ces conseils, méconnus trop souvent, que l'on obtiendra une marche supérieure, un fonctionnement continuel et régulier de toutes les pièces, et enfin une grande économie. Bien soignée et bien entretenue, une machine peut faire un long service ; mal conduite, elle peut provoquer non seulement des accidents, mais des pertes, de longues et coûteuses réparations. C'est pourquoi il est de toute nécessité, pour les industriels qui craignent la grosse dépense d'un moteur nouveau, de veiller avec soin au bon fonctionnement de celui qu'ils possèdent.

Partie IX

La machine à vapeur dans l'industrie

Quoique le moteur le plus employé, celui dont les applications ont été le plus nombreuses, soit le moteur à vapeur, son usage s'est bien plutôt généralisé dans la grosse construction que dans la petite industrie.

Au premier rang des travaux qu'accomplit journellement la machine à vapeur, nous citerons les transports terrestres et maritimes.

Sans vouloir faire ici l'histoire des chemins de fer[9], nous rappellerons que la première idée de la vapeur comme force motrice est due au Français Cugnot (1769). Trewitick et Vivian, en Angleterre, construisirent en 1808 la première voiture mue par une machine à haute pression. Olivier Evans, à Philadelphie, fit plusieurs essais, malheureusement infructueux, et Robison échoua de même, en voulant utiliser pour la production de la force motrice la machine de Watt à double effet.

Depuis Cugnot, les voitures à vapeur ou locomotives ont fait de grands progrès dus, pour les premiers, à Robert Stephenson, ingénieur anglais.

Les locomotives sont des machines à haute pression dans lesquelles la tension de la vapeur est ordinairement de 7 à 9 atmosphères. La chaudière est traversée, dans le sens de la longueur, de nombreux tubes de cuivre où passe la flamme, ce qui augmente beaucoup l'intensité du tirage. Ce fut, comme on le sait, Marc Séguin qui inventa la chaudière tubulaire, chose capitale pour

9 Voir les *Chemins de fer*, par Amédée Guillemin, *Bibliothèque des Merveilles.*

Fig. 72. — Locomotive américaine Sturrock.

les locomotives, usant des quantités prodigieuses de vapeur, et ayant par conséquent besoin d'une grande surface de chauffe pour suffire à cette dépense.

Le type de la Fusée, la première locomotive de Stephenson, a été modifié dans le sens des usages qu'elle devait remplir. C'est ainsi que M. Crampton en a fait une machine à grande vitesse, applicable au transport à grande vitesse des voyageurs. M. Engerth en a fait la machine la plus puissante, destinée à remonter les rampes en remorquant de lourdes charges de marchandises. L'Engerth est le cheval de montagne, lent mais robuste, puisqu'elle remonte avec une vitesse de 28 kilomètres à l'heure en traînant un

Fig. 73. — Locomotive routière de Bollée.

Fig. 74. — Appareil moteur d'un navire

convoi de 450 tonnes. La machine Crampton, son opposée, file avec une vitesse de 75 kilomètres à l'heure, mais traînant un poids d'à peine 120 tonnes. Les types de locomotives varient à l'infini. Il y a les Buddicom, les Polonceau, les Sturrock (fig. 72), les Stephenson et bien d'autres encore. Chacune d'elles répond à un besoin particulier, et tel système qui convient dans tel cas est inapplicable dans un autre.

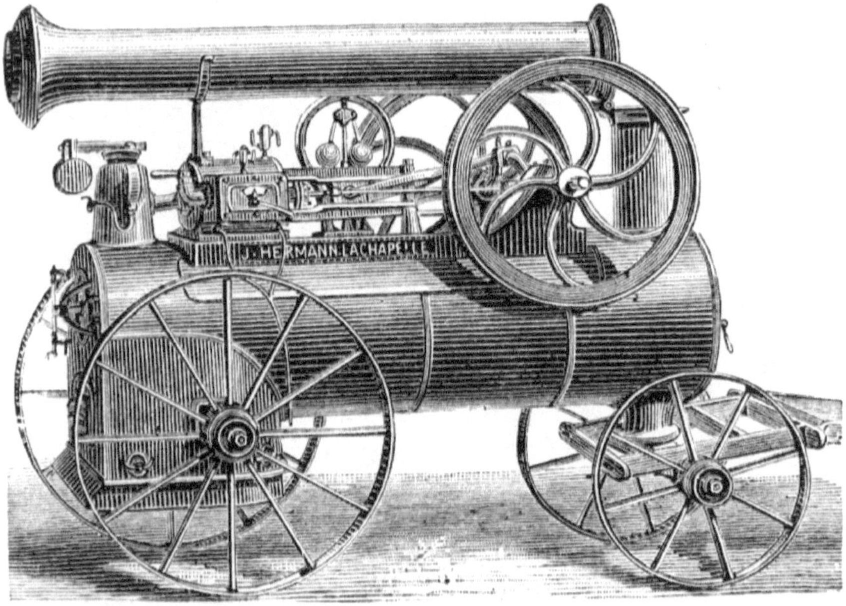

Fig. 75. — Locomobile montée sur roues.

Les lignes de chemins de fer se développent chaque jour, les embranchements se greffent sur les grandes lignes et chaque petite ville tient à avoir son petit *chemin de fer d'intérêt local.*

On a aussi pensé à faire des locomotives routières pouvant marcher sur les chemins et chaussées empierrés, afin d'annuler l'emploi si coûteux des rails. Les meilleurs systèmes proposés sont ceux de MM. Larmenjat, Lotz fils de l'aîné, de Nantes, Thomson d'Édimbourg, Bollée du Mans (fig. 73), et ce sont ceux qui ont donné les plus grands résultats pratiques. Maintenant le génie et le corps des équipages et du train militaires sont pourvus de machines routières du système Lotz. A Édimbourg M. Thomson a appliqué sa locomotive à la

Fig. 76. — Locomotive Aultman (*Monitor engine*) opérant un battage

traction des omnibus, imitant en cela son compatriote M. Harding dont on a pu voir fonctionner il y a quelques années, à Paris, les machines attelées aux tramways.

Les locomotives routières sont plus économiques que les chemins de fer ; leur vitesse est moindre, c'est vrai, mais elles ont l'avantage de rendre inutile la construction de la ligne ferrée et de tous ses accessoires, aussi leur emploi tend-il à se généraliser.

Ces sortes d'appareils n'ont qu'un inconvénient, celui d'effrayer par leur bruit les chevaux attelés. On y a remédié ces temps derniers en adaptant un condenseur à la machine. L'échappement se fait donc sans que l'on entende le moindre bruit quand la locomotive est en marche. A l'arrivée, on ouvre un robinet et l'eau de condensation s'échappe. Ce système a été expérimenté avec succès sur l'une des lignes des tramways de Paris.

Pendant longtemps la navigation s'est opérée d'abord au moyen de rames, ensuite de voiles, moyens défectueux en ce que la force motrice pouvait subitement venir à manquer. Aussi, dès l'invention des premières machines à vapeur, la marine s'est-elle emparée du nouveau moteur.

C'est encore Papin qui eut le premier l'idée d'appliquer la vapeur aux bateaux.

On sait ce qu'il en advint ; les bateliers du Weser, fleuve sur lequel il faisait ses expériences, jaloux de voir une machine remplacer avec avantage leur force musculaire, la brisèrent, sous les yeux mêmes de l'inventeur. Le marquis de Jouffroy fit aussi avec succès plusieurs tentatives sur la Saône avec son pyroscaphe, vers 1778, sur le Doubs. Symington en Angleterre, John Fitch en Amérique, Miller en Suisse firent progresser cette nouvelle invention.

Dans ces premiers bateaux, la vapeur faisait mouvoir le piston monté sur l'arbre de couche et sur lequel étaient fixées une ou deux roues à aubes. Fulton employa la même disposition dans son *Clermont*, et il réussit. John Fitch, ayant voulu utiliser les rames comme moyen de propulsion, ne put parvenir à les faire adopter et, de désespoir, se tua en se lançant dans la Delaware.

Depuis Fulton, et grâce aux travaux sur ce sujet de savants ingénieurs, travaux qui ont permis de supprimer les voiles et dans quelques-uns les roues à palettes eu les remplaçant par l'hélice sous-marine, la science de la navigation a changé de face. Parmi ces savants, nous citerons Charles Dallery, Delisle, les frères Bourdon, Frédéric. Sauvage, le capitaine Ericsson, Dupuy de bôme, etc., qui ont fait marcher les applications de la vapeur, pour la marine, à pas de géant.

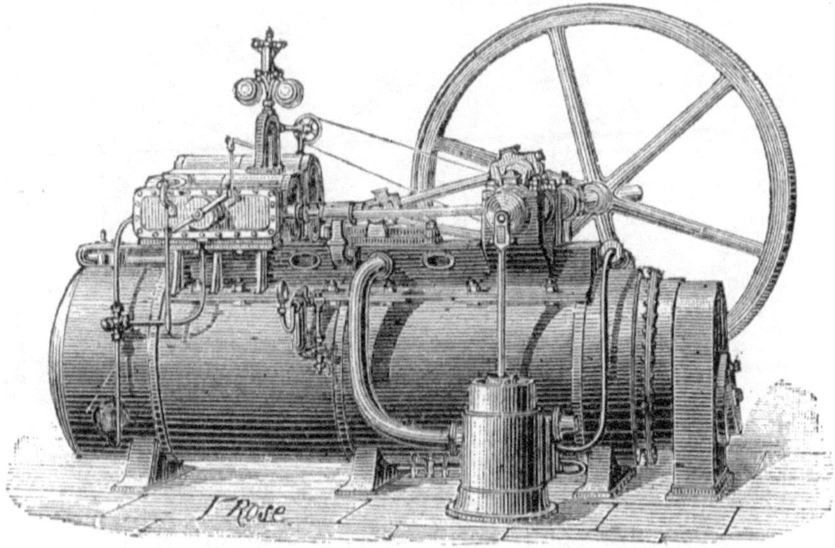

Fig. 77. — Machine à vapeur locomobile.

Nous avons dit en commençant que l'agriculture possédait le moteur à vapeur. La disposition des machines est différente et appropriée au genre de travail qui leur est demandé. La locomobile est une sorte de machine locomotive ; seulement, au lieu d'actionner les roues qui la supportent, elle fait mouvoir un volant, car tout le mécanisme moteur est fixé sur la chaudière. Elle est principalement employée aux champs pour le labourage à vapeur et le battage (fig 75).

Une locomobile de 5 chevaux-vapeur de force, est facilement traînée par deux chevaux attelés au timon, son poids n'étant que de deux ou trois tonnes.

La locomobile est à haute pression. Sa chaudière est tubulaire et sa manoeuvre est absolument la même que celle de la locomotive ou de la machine fixe. Sa disposition est ordinairement horizontale, le mécanisme moteur bien entendu. Pourtant quelques constructeurs ont cru devoir la changer. C'est ainsi qu'a été édifiée la machine verticale : *Monitor engine* de M. Aultman de Chicago (fig. 76).

Les applications de la locomobile sont véritablement immenses. Nous allons essayer d'en énumérer les principales :

D'abord la machine transportable montée sur roues et les appareils qu'on lui adjoint, soit la scie circulaire montée sur le même châssis, servant

Fig. 78. — Machine d'atelier Farcot.

au tronçonnage du bois de chauffage, soit la batteuse suisse, petite batteuse montée comme la précédente sur le même chariot qui soutient le moteur.

Ensuite le moulin à blé avec beffroi, puis les pompes d'épuisement marchant par l'intermédiaire de roues d'engrenage, et en dernier lieu, l'excavateur Couvreux avec sa chaîne de seaux de tôle, montée sur le même châssis que la machine.

On pourrait parler aussi du bateau-dragueur, mû également par la locomobile ; du toueur sur chaîne noyée, remontant le courant par l'effort de sa machine ; le rouleau compresseur, du poids de trente tonnes, actionné par une lourde et puissante locomobile.

Le plus ordinairement, la machine mobile sert, dans les campagnes, à opérer des battages et à actionner des pompes, des hachoirs, des pressoirs, des concasseurs, des vans, des broyeurs, des malaxeurs, etc., etc. A la campagne comme à la ville, elle sert à mille ouvrages différents. On l'utilise pour le labourage, le hersage, le piochage à la vapeur, et nous pourrions citer les machines de MM. Barrat frères, Kirby et Osborn, Fowlêr, etc., etc. Les types ne manquent pas. Cet utile appareil ne sert pas que dans l'agriculture. C'est lui qui fournit la force aux monte-charges des maçons et entrepreneurs des constructions, partout enfin où l'on a besoin, pendant un laps de temps fort court, de force motrice. Elles sont alors montées sur patins et dites demi-fixes.

Fig. 79. — Intérieur d'une usine. — Travail du marteau-pilon.

On a cherché à remédier au défaut qu'ont les locomobiles d'être forcément traînées à destination par des chevaux, en inventant des locomobiles-locomotives dans lesquelles le volant est relié par une chaîne sans fin aux roues. De cette façon, pendant le trajet, la locomobile roule elle-même son poids et peut même remorquer les chariots attachés à sa suite.

C'est principalement dans les grandes usines et ateliers de construction que l'on trouve les plus puissantes machines à vapeur. MM. Farcot en construisent de plusieurs milliers de chevaux de force (fig. 78). Dans la marine, il y en a de 9000 chevaux ; seulement, on le comprend facilement, c'est l'exception, et à peine y a-t-il huit ou dix navires assez grands, en France, pour porter des chaudières de cette taille.

Fig. 80. — Pompe à vapeur Merryweather.

Il faut de puissantes machines pour les usines telles que celles d'Indret ou du Creusot, afin de fournir à toutes les machines-outils la force nécessaire à leur marche et en même temps la vapeur aux marteaux-pilons. Quelle force, en effet, ne faut-il pas pour actionner tant d'outils pour l'alésage, le perçage, le rabotage, pour les tours à tarauder, forer, mortaiser ? Certainement la vapeur est la seule force capable d'accomplir tant de prodiges que l'on a peine à croire des réalités, et dont cependant les résultats, tombés depuis longtemps dans le domaine public, nous laissent indifférents.

Beaucoup d'industriels emploient concurremment la machine à vapeur et un fluide qui ne coûte rien : le vent ou l'eau.

Presque tous les moulins, à farine ou à huile, en outre de leur moulin, soit simple, soit automoteur, possèdent un moteur à vapeur qui se met en marche lorsque le vent faiblit. De même dans les moulins à eau et autres ateliers utilisant l'eau comme force motrice, le moteur à vapeur est là et sert au moment voulu.

Le marteau-pilon est une machine à vapeur d'une disposition spéciale comme la pompe à incendie (fig. 79). Dans l'une, le piston auquel est fixée la tige du marteau est soulevé par l'action de la vapeur. Dans l'autre, le générateur, monté sur roues, envoie le fluide moteur dans le mécanisme placé sur cette même voiture. La tige des pistons continuée est reliée aux pistons de deux pompes aspirantes et foulantes, de manière à les réunir d'une façon intime. Telle est la construction de la pompe à incendie Merryweather (fig. 80).

La pompe à vapeur adoptée par la ville de Paris est du système Thirion. Le générateur à tubes entre-croisés permet de chauffer, de mettre en pression dans l'espace d'un quart d'heure et de fournir presque instantanément des quantités considérables de vapeur. L'effort de la machine se porte sur un arbre en fer, lequel transmet par des coudes aux bielles des pompes aspirantes et foulantes. Le refoulement de l'eau peut aller jusqu'à 80 mètres de la pompe, paraît-il.

Dans bien des cas, la vapeur a remplacé les antiques moyens employés ; forces naturelles ou force des animaux. C'est ainsi que l'on fait des bacs à vapeur, pour la traversée des fleuves, des grues à vapeur pour le déchargement des bateaux et des wagons.

Le moteur à vapeur est celui qu'on trouve le plus généralement dans tous les genres d'industrie. Il serait puéril d'énumérer ses mille applications, dont nous avons passé les plus importantes en revue.

Chaque fois qu'un commerçant, un fabricant ou un industriel quelconque a besoin de force motrice, c'est au moteur à vapeur qu'il va la demander.

Quelquefois, pour des raisons matérielles, il ne peut l'employer mais, dans la plupart des cas, c'est plutôt à la vapeur qu'à tout autre fluide qu'il s'adresse, parfois avec une certaine économie d'achat et d'entretien.

Partie X

Différents modes d'emploi de la vapeur

Nous avons terminé la description de tous les types si multiples de moteurs à vapeur ; il ne nous reste qu'à parler des divers modes d'emploi du fluide lui-même.

Dans toutes les machines modernes, la vapeur, après avoir travaillé sous les deux faces du piston, s'échappe dans l'atmosphère ou va se perdre dans un condenseur. Pour que la machine continue d'agir, il faut donc qu'une nouvelle quantité de vapeur arrive et ajoute son effet avant de s'échapper à l'extérieur. Des ingénieurs, après avoir consciencieusement étudié cette perte désastreuse, ont cherché à l'annuler, ou tout au moins à en réduire l'effet, en faisant rendre à la vapeur toute l'élasticité qui pouvait lui rester après avoir travaillé sous les deux faces du piston. M. Marc Séguin, l'inventeur des chaudières tubulaires, y songea le premier et, en 1838, il présenta à l'Académie des Sciences un mémoire : *Projet de machine à vapeur pulmonaire*, dans laquelle il espérait rendre à la vapeur, avec d'immenses avantages, la chaleur qu'elle perd après chaque expansion périodique. Car on sait que l'élasticité, la pression de la vapeur ne dépend que de sa température. Plus elle est chaude et plus sa tension est considérable.

Il n'y avait donc rien de singulier à ce que l'on essayât, en réchauffant le fluide, de lui faire reprendre sa puissance primitive. Pendant longtemps cette belle question fut laissée de côté, et ce ne fut qu'en 1855 qu'un ingénieur prussien établi en Angleterre, M. Siemens, la reprit, et appliqua ce système de marche à une machine à vapeur de la force de 100 chevaux. Plus tard il perfectionna encore cette *machine à vapeur régénérée* et en fit construire un nouveau type de 40 chevaux, par deux mécaniciens anglais, MM. Fox et Henderson, laquelle machine réalisa l'énorme économie des deux tiers de combustible.

Pour arriver à un tel résultat, voici comment procédait M. Siemens :

Lorsque la vapeur avait agi dans le grand cylindre moteur, elle passait dans un plus petit, où elle reprenait une certaine quantité de chaleur (le cylindre était chauffé au bain-marie) et finissait de rendre un travail utile.

Il y a une certaine analogie entre la machine Siemens et celle à air chaud de M. Franchot. Dans l'une comme dans l'autre c'est toujours la même masse de fluide, tour à tour échauffée et refroidie, qui travaille.

Lorsque M. Boutigny eut fait connaître le résultat de ses belles expériences sur l'état sphéroïdal de l'eau, un ingénieur français, M. Testud de Beauregard, proposa d'employer la vapeur surchauffée, et à une tension énorme.

Pour produire instantanément de la vapeur à haute tension, M. Boutigny d'Évreux employait un générateur cylindrique et vertical.

A plusieurs points de sa hauteur ce cylindre contenait des plaques, percées d'un grand nombre de trous comme des écumoires[10]. L'eau froide, tombant goutte à goutte sur ces plaques dont la température allait croissant jusqu'au fond où elles étaient rouges, l'eau se vaporisait presque immédiatement et adoptait l'état sphéroïdal, état dans lequel la vapeur acquiert une tension considérable. Dans l'espace de quelques secondes, l'eau était vaporisée et pouvait travailler dans le mécanisme moteur, placé à part, et dont la disposition était la même que celle des machines horizontales.

L'appareil de M. Boutigny fut construit et expérimenté — ce qui est assez rare dans ces sortes d'inventions, — et il fonctionna pendant longtemps avec un certain succès dans la fabrique de bougies stéariques de MM. Jaillon, Moinier et Cie à la Villette. Cette idée de la vaporisation instantanée de l'eau était ingénieuse, aussi ne tarda-t-elle pas à porter ses fruits.

Après M. Testud, de Beauregard, MM. Belleville, Isoard, Clavière se sont occupés avec succès de cette nouvelle application de la vapeur.

Deux Américains, MM. Wathered, présentèrent à l'exposition universelle de 1855 une machine qui fut peu remarquée, quoiqu'elle méritât de l'être. Dans cette machine, une partie de la vapeur produite, avant d'exercer son

10 *La Révolution industrielle*, par M. Testud de Beauregard.

effet mécanique, passait dans un serpentin exposé à la chaleur d'un foyer, y acquérait une pression considérable et se mélangeait ensuite avec la vapeur à moindre tension pour travailler dans le mécanisme moteur.

Un ingénieur français affirme qu'une seule forme de générateur est absolument inexplosible : c'est la forme dite en serpentin. Cette affirmation est juste car, si par quelque hasard le tube se fend, le dommage n'est pas grave, la vapeur qui s'y trouve ne peut produire aucun ravage important, par suite de sa petite quantité. Elle s'échappe au dehors, et le seul dégât se borne au remplacement de la partie du tube crevée et à une soudure. C'est un arrêt, mais sans conséquences dangereuses, ce qui est un avantage immense et qui, seul, devrait faire adopter la forme tubulaire et serpentine pour les générateurs à vapeur.

Fig. 81. — Locomotive sans foyer, système Lamm et Francq.

MM. Lamm et Francq ont utilisé d'une autre manière, fort ingénieuse aussi, la vapeur, en la dissolvant dans de l'eau bouillante, au sein d'un réservoir qui devient par là une sorte de locomotive sans foyer. Ce système est employé pour la traction des tramways de Rueil à Port-Marly (fig. 81).

A la station de départ est installé à demeure un vaste générateur à vapeur. Avant de partir, la locomotive s'approche, un tube la met en communication avec le générateur et on ouvre le robinet. La vapeur se précipite alors, se dissout dans l'eau bouillante de la chaudière. Lorsque le mécanicien s'aperçoit à son manomètre que la pression est arrivée au degré voulu, il ferme le robinet, enlève le tuyau et se trouve prêt à partir. La manoeuvre n'est donc ni difficile, ni longue. Pour la marche, on ouvre le régulateur qui donne accès à la vapeur dans le cylindre, et comme la vapeur est à une haute pression, la quantité dépensée se trouve bien moindre que celle des machines ordinaires.

L'épaisseur de la chaudière Lamm et Francq est de 0,03 cent. et elle peut résister à 30 atmosphères, quoique la pression ne soit ordinairement que de 8 à 10.

La machine à vapeur, sous quelque forme qu'elle se présente à nos yeux, nous semble un engin merveilleux. Cependant, d'après les calculs de MM. Hirn, Regnault et autres savants compétents, il paraîtrait que nous n'en sommes encore qu'à l'enfance de l'art. Ainsi, la transformation de la chaleur en mouvement, transformation qui se produit dans les organes de la machine, absorbe presque les deux tiers de la chaleur employée. Voici comment s'explique M. Regnault :

> « Dans une machine à détente, sans condensation, où la vapeur pénètre à 5 atmosphères, et sort sous une atmosphère de pression la quantité de chaleur utilisée par le travail mécanique, est seulement d'un quarantième de la chaleur donnée à la chaudière. Dans une machine à condensation recevant de la vapeur à 5 atmosphères et dont le condenseur représenterait une force élastique de 55 millimètres de mercure, l'action mécanique est un peu plus du vingtième de la chaleur donnée à la chaudière. »

Qu'ajouter ensuite à ce document ? Les chiffres et les expériences sont là pour nous prouver brutalement, une fois de plus, que ce que nous croyons parfait en ce monde en est encore : quelquefois bien loin.

CHAPITRE VII
MOTEURS ÉLECTRIQUES

**Les premiers moteurs électriques. — Systèmes récents
Applications de l'électricité.**

I
Moteurs Froment, Page, Jacobi, etc.

Malgré les immenses résultats pratiques de la machine à vapeur, longtemps après que celle-ci fut inventée, de nombreux inventeurs ont cherché à la remplacer par un autre moteur, et notamment par l'électricité. Depuis 1838, époque à laquelle M. Jacobi fit sa première expérience, le moteur électrique a fait peu de progrès. Cette cause tient principalement au prix de production de l'électricité. Un cheval-vapeur de force, engendré par une machine à vapeur, coûte 80 centimes l'heure ; par l'électricité et au moyen des piles, il coûte 20 francs. C'est pourquoi l'emploi de l'électricité comme force motrice ne s'est pas répandu, jusqu'à ces dernières années.

Le premier pas, dans cette invention, fut fait par Arago et Ampère en 1820, lorsqu'ils imaginèrent l'électro-aimant.

Un électro-aimant se compose de deux barreaux de fer doux, réunis par une lame de fer, ou contournés en fer à cheval. Autour de ces barreaux est enroulé en spirale un fil de cuivre entouré de soie ou de coton. Si l'on fait passer dans ce fil un courant électrique, les barreaux s'aimantent instantanément et, quoiqu'ils ne soient que des aimants artificiels, ils deviennent plus énergiques que les aimants naturels.

La première application des électro-aimants fut faite par M. Pouillet, qui construisit un appareil pour prouver leur puissance. Un électro-aimant en fer à cheval est soutenu par deux piliers en bois. Au-dessous se trouve une armature, simple plaque de fer à laquelle est accrochée par des chaînes la plate-forme, ressemblant au plateau d'une balance-bascule. Lorsque le courant passe dans les spires de la bobine, les barreaux s'aimantent et attirent l'armature qui supporte les poids à enlever. Dans ce premier appareil, l'électro-aimant pouvait soulever un poids de 2500 kilogrammes. Pour le faire retomber et cesser l'action de l'aimant, on n'avait qu'à interrompre le courant électrique, car l'aimantation cessait en même temps que lui.

C'est d'après ce phénomène d'aimantation et de désaimantation rapide, provoquant l'élévation et la chute d'une masse de fer, que l'on essaya d'abord de construire un moteur électrique.

Les premiers essais dans ce sens furent accomplis par le physicien russe Jacobi, qui tenta d'appliquer l'électricité à la navigation fluviale. La pile électro-motrice de M. Jacobi était du système de Grove. Dans la première expérience que ce physicien fit sur la Néva, en 1839, cette pile était composée de 128 couples, zinc et platine, d'une surface de 32 pieds carrés. Le mécanisme moteur se trouvait être un disque de fer monté sur l'arbre de couche et que

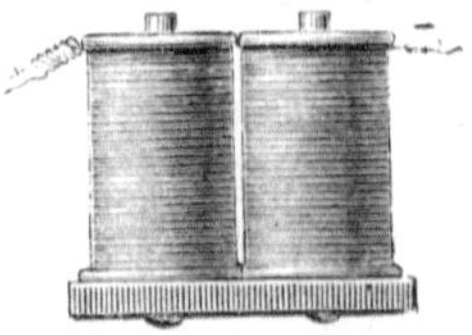

Fig. 82. — Électro-aimant simple.

Fig. 83. — Électro-aimant en fer à cheval.

six forts électro-aimants faisaient tourner. Le mode de propulsion était deux roues à palettes placées de chaque côté du bateau.

La chaloupe munie de cet appareil et portant douze personnes remonta le courant du fleuve, malgré un vent violent, soufflant en sens contraire. Quoique la pile fût d'une grande puissance (elle rougissait en quelques secondes un fil de platine de 2 mètres de long), l'effort développé ne se trouve être égal qu'aux trois quarts d'un cheval-vapeur. C'était bien peu, trop peu même, en raison de l'excessive dépense de la pile.

Pendant toute la durée de l'expérience, les opérateurs furent extrêmement incommodés des vapeurs nitreuses se dégageant de l'appareil, vapeurs qui les força d'interrompre à plusieurs reprises leurs travaux.

Fig. 84. — Moteur électrique Bourbouze.

Après de consciencieux calculs, M. Jacobi acquit la certitude que l'électricité était inapplicable, au point où se trouvait alors la science. Le problème à résoudre était déjà le même qu'aujourd'hui : la production à bon marché de l'électricité.

D'autres inventeurs, après M. Jacobi, se sont occupés à chercher un nouveau moteur électrique. Ce sont MM. Patterson, Taylor, l'abbé dal Negro, Elija Paine, de New-York, Page, etc. Cependant la seule tentative remarquable qui fut faite à cette époque est celle de M. Davidson en Écosse, qui, ayant installé sur une sorte de locomotive son moteur électrique, vit cette dernière remorquer un poids de six tonnes. Nous verrons plus loin, en détail, la construction d'une locomotive de ce genre, récemment inventée, et dont la disposition est à peu près la même que celle de M. Davidson.

La machine électro-magnétique de M. Page, dont la description produisit une certaine sensation aux États-Unis était construite sur le principe des électro-aimants creux, c'est-à-dire dans lesquels les barreaux de fer doux sont mobiles. Beaucoup de moteurs électriques modernes sont édifiés de la même façon. Ainsi disposés, leur marche est analogue à celle des machines à vapeur à balancier et à simple effet. Le cabinet de physique de la Faculté des sciences de Paris possède un moteur de cette forme, d'une puissance d'environ un demi-cheval-vapeur. Il a été construit par M. Bourbonze[11].

Dans ce moteur (voir fig. 84), la pile électrique, du système de Bunzen, est renfermée dans le socle de l'appareil et les fils, avant d'arriver aux bornes, passent par un commutateur qui interrompt ou intervertit le mouvement de l'appareil.

De cette façon, les vapeurs nitreuses qui se dégagent de la pile ne peuvent aucunement incommoder les expérimentateurs. Il est vrai qu'en remplaçant l'acide nitrique du vase poreux par du bichromate de potasse additionné d'acide sulfurique, elle perd absolument toute mauvaise odeur. Mais les moteurs électriques qui, jusqu'à présent, ont donné les meilleurs résultats sont ceux de M. Froment.

M. Froment, mort en 1863, le plus célèbre constructeur d'instruments de précision de France et même d'Europe, créa un grand nombre de types de moteurs électriques, parmi lesquels nous en citerons deux des plus importants et des mieux conçus.

Le premier est disposé verticalement. Les électro-aimants moteurs sont fixés sur quatre montants en fonte, de deux mètres de hauteur. Sur le sommet se trouve le commutateur, dont le jeu distribue le fluide dans chacun d'eux. Par leur action successive, les aimants font tourner avec une certaine rapidité l'arbre fixé entre deux butées. La transmission s'opère au moyen de deux engrenages d'angle, dont l'un est calé sur l'arbre de la poulie.

Cet appareil communiquait la force motrice aux machines à diviser de l'atelier de M. Froment.

Le même constructeur fit ensuite fabriquer un moteur, tout à fait différent du premier, et qui donna des résultats inattendus.

11 Voyez *l'Électricité*, par M. Baille, Bibliothèque des Merveilles.

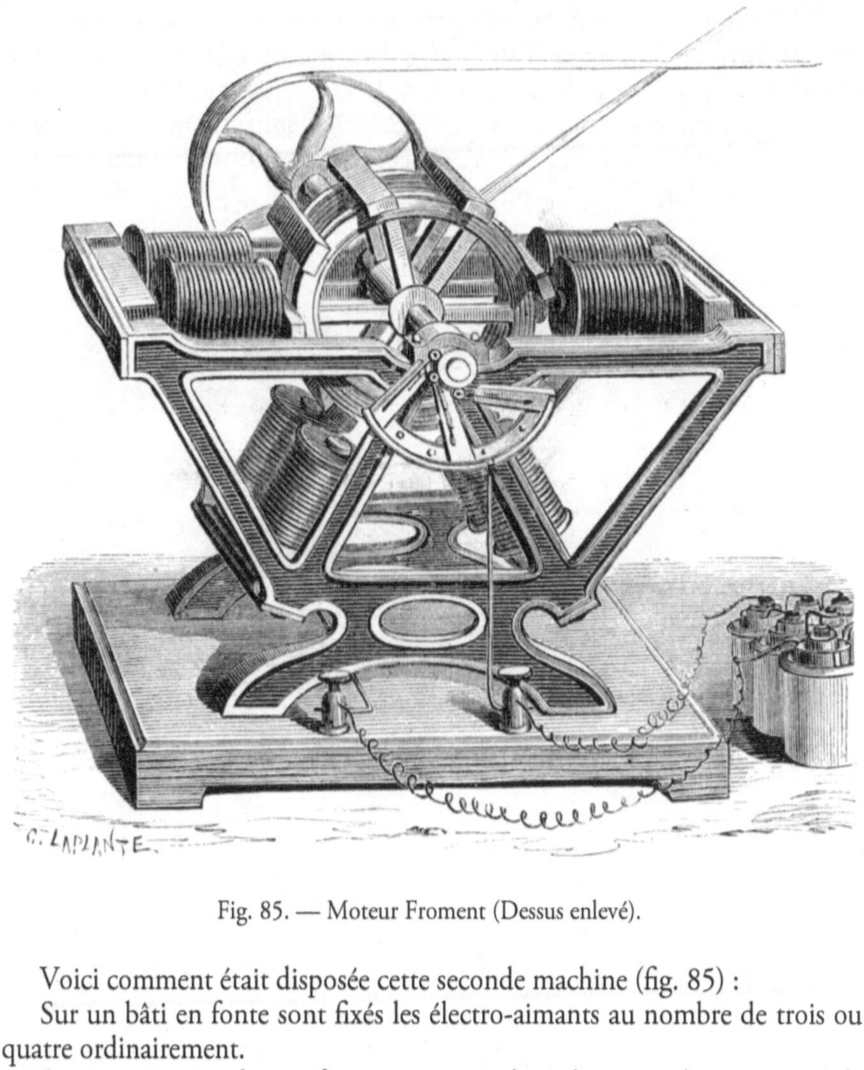

Fig. 85. — Moteur Froment (Dessus enlevé).

Voici comment était disposée cette seconde machine (fig. 85) :

Sur un bâti en fonte sont fixés les électro-aimants au nombre de trois ou quatre ordinairement.

Soutenu par un arbre en fer, reposant sur des paliers, est placé une roue de cuivre, sur laquelle se trouvent fixées à distances égales les unes des autres de larges plaques de fer doux.

Par un artifice de mécanique ingénieux et que la roue met en mouvement, une sorte de commutateur dirige le courant dans chaque électro-aimant à son tour.

C'est-à-dire que, lorsqu'on met cette machine en action, le courant passe d'abord dans un électro qui attire la plaque la plus près de lui. Lorsque cette armature a dépassé le point d'attraction, le courant passe dans un second électro qui agit à son tour pour l'attirer, et ainsi de suite, chaque effet succède mathématiquement à l'effet précédent, et la roue tourne avec une rapidité variant d'après l'intensité du courant.

Partie II

Moteurs électriques récents

En 1865, l'étude des moteurs électriques avait été entreprise en France et consciencieusement étudiée par un célèbre constructeur d'appareils de précision, M. Froment, qui créa plusieurs dispositifs différents et dont le plus grand exemplaire pouvait déployer une puissance de 1/2 cheval-vapeur environ et avait une hauteur de 2 mètres.

Le principe du moteur Froment ainsi que nous l'avons dit au chapitre précédent, est une roue de cuivre sur laquelle sont fixées, à égales distances les unes des autres, des lames de fer très doux. Cette roue tourne de façon à ce que les lames se trouvent très rapprochées d'une série d'électro-aimants agissant successivement pour les attirer, grâce au jeu d'un simple commutateur, et se désaimantant par le même moyen. Ce principe et celui de la machine Page ont été copiés à l'infini et avec des différences de peu d'importance par tous les marchands d'électricité qui vendent de semblables moteurs pour la mise en marche de petits appareils de démonstration, tubes de Geissler, etc.

Nous ne jetterons même pas un regard de compassion en passant sur les moteurs électro-magnétiques actionnés par les piles et qui furent imaginés de 1865 à 1872 par MM. Roux, Larmenjat, Allen, Casal, etc. Des centaines d'appareils de ce genre furent construits à cette époque et ont naturellement échoué, leur principe étant absolument insuffisant. L'invention des machines dynamo et magnéto-électriques leur a donné le coup de grâce et les a rejetés dans l'oubli le plus complet car, comme on s'en est aperçu rapidement, tout générateur mécanique d'électricité à courants alternatifs, redressés ou continus, est susceptible, par réversibilité, de constituer un moteur électrique. En pratique, on ne se sert que de machines à courants continus ou redressés comme moteurs.

Fig. 86. — Premier moteur de M. Trouvé.

Parmi ceux-ci nous trouvons quelques types de construction très simple, de passable rendement électrique, et qui méritent d'être décrits. Citons :

- *Moteur Marcel Deprez.* — M. Marcel Deprez est le premier qui ait créé un moteur employant comme induit l'armature de Siemens à double T et que nous avons décrite. Dans ce modèle, la bobine tourne dans un champ magnétique constitué par un aimant en fer à cheval. Un commutateur de construction ordinaire sert à redresser les courants.

- *Moteur Trouvé.* — Ce modèle, qui est le premier en date après celui de M. Marcel Deprez dont il dérive, emploie aussi la bobine Siemens, mais son inventeur a modifié cette armature en excentrant les faces polaires pour diminuer l'effet du point mort. Un commutateur spécial permet les changements de polarité qui doivent se produire deux fois par tour. La bobine tourne entre les branches d'un électro-aimant ordinaire. Le rendement est faible, cependant c'est avec ce moteur qu'ont été exécutés les premiers essais de locomotion électrique terrestre et aquatique, à l'aide d'un tricycle et d'un bateau à hélice.
- *Moteur Cloris Baudet.* — La pièce principale de cet appareil est encore une bobine de Siemens, modifiée en ce sens que le fil est enroulé sur de petits barreaux de fer doux qui réunissent les deux faces polaires de la bobine. Il présente l'avantage de n'avoir point de point mort, d'être d'un poids et d'un volume restreints et de travailler avec un courant d'une puissance quelconque en donnant un bon rendement mécanique. Il ne se produit pas d'étincelle au collecteur, ce qui empêche cette pièce de

Fig. 87. — Moteur Cloris—Baudet.

s'user rapidement ; mais il a l'inconvénient d'exiger des rouages pour diminuer la vitesse de rotation, ce qui est cause d'un tapage assourdissant. On l'a appliqué avec un certain succès à la mise en marche de divers petits outils et d'un bateau à roues.

- *Moteur Griscom.* — Dans ce système, la bobine Siemens tourne à l'intérieur d'un anneau cylindrique creux, en fonte malléable, anneau recouvert d'enroulements de fil le divisant en deux moitiés et combinés de manière à créer deux pôles conséquents aux deux extrémités d'un même diamètre vertical. Ce moteur donne des résultats satisfaisants. Il est petit et léger et sa vitesse fort grande ; on l'a appliqué directement sur des machines à coudre pour les actionner.

• *Moteur Radiguet.* — Ce modèle, sur le rendement duquel nous n'avons pas de renseignements précis, présente l'avantage de supprimer les rouages, absolument nécessaires dans tous les autres types de petits modèles, et d'être, par suite, absolument silencieux. En principe, il se

Fig. 88. — Moteur silencieux Radiguet.

compose de deux anneaux de fer doux entourés de fils et jouant, l'un le rôle d'inducteur, l'autre le rôle d'induit. Selon le nombre d'éléments de piles et la force du courant, ce moteur peut développer de 4 à 5 kilogrammètres. Il a eu plusieurs applications.

• *Moteur Ayrton et Perry.* — Ce type, basé sur un faux principe, n'a donné que des rendements mécaniques au-dessous de la moyenne, soit de 25 à 33 pour 100 de la force électrique qui leur était fournie. Ces moteurs demandent 25, 50 ou 100 volts avec une intensité de courant correspondante, pour développer un tiers de cheval-vapeur à peine.

• *Moteur Jablochkoff dit écliptique.* -- La partie mobile de ce moteur est formée par une bobine plate placée obliquement sur l'axe de rotation. Cette bobine est en fer, et l'ensemble forme ainsi un court électro-aimant. La partie fixe est une bobine plus grande, à cadre de cuivre, disposée obliquement à l'axe, comme la première, mais dans le sens opposé. L'arrangement du commutateur est tel que le courant parcourt la bobine mobile toujours dans le même sens et que les changements de sens à chaque demi-révolution a lieu seulement dans le solénoïde fixe. Les actions de courants croisés qui s'exercent entre ce dernier et l'armature produisent la rotation de celle-ci. Ce moteur a évidemment, comme le suivant, une forme très originale et montre qu'on cherche aujourd'hui à appliquer aux moteurs toutes les réactions dynamiques des courants.

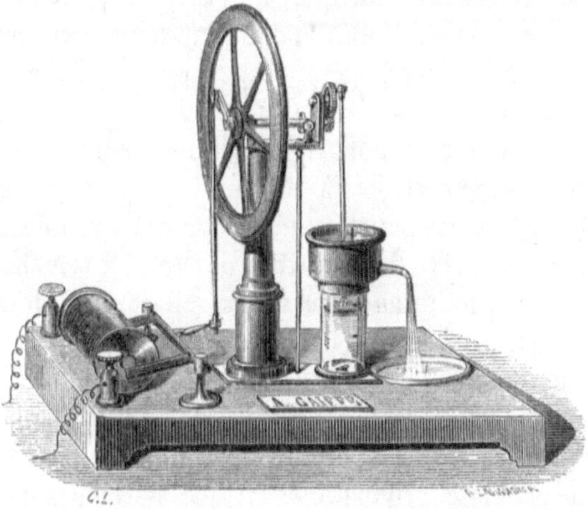

Fig. 89. — Modèle de moteur électrique de M. Gaiffe.

- *Moteur sphérique Bürgin.* — Cet inventeur a eu l'idée de prendre comme inducteur une sphère qui joue le rôle de cadre galvanométrique et qui est recouverte de fil formant une série de spires presque suivant des parallèles horizontaux. A l'intérieur, un noyau de fer mobile sur un axe horizontal est également entouré de spires formant encore des couches parallèles. Lorsqu'on lance le courant, ces deux séries de spires tendent à se mettre parallèles, et si on renverse le courant au moment où dans la rotation, cette position est atteinte, le mouvement continue. On voit qu'ici il n'y a plus d'aimantation variable, la partie de l'appareil où les courants sont renversés ne renferme que du fil conducteur. Il y a donc là un principe curieux et différent des autres. On perd, il est vrai, dans ce procédé, l'action énergique exercée par le magnétisme du fer doux. La forme sphérique adoptée par M. Bürgin est assez singulière, elle doit rendre les enroulements difficiles : elle donne à la machine un aspect étrange, on ne voit qu'une boîte close d'où sort un axe animé d'un mouvement très rapide.

Tels sont les principaux types de petits moteurs créés dans ces dernières années. Actionnés par des batteries de piles primaires ou secondaires, ils ont eu un certain nombre d'applications. Le modèle de M. Trouvé a été successivement adapté à la commande des machines à coudre, des pianistas (orgues mécaniques), des tours à dentiste, et surtout à la locomotion. Le moteur de Baudet a reçu aussi quelques applications. Comme nous le disions tout à l'heure, on s'en est servi pour la commande de petits appareils : tours, outils à fraiser, à tailler les engrenages, pompes centrifuges, machines à coudre, ventilateurs et locomotion par bateau à roues et par tricycles, au moyen d'accumulateurs ou de piles impolarisables du même inventeur.

Pour les puissances supérieures à 10 ou 12 kilogrammètres, l'emploi des générateurs primaires et des petits moteurs que nous venons de décrire n'est plus possible, et l'on se sert de machines dynamos ordinaires. Il faut alors deux machines ; l'une produisant l'électricité grâce au travail mécanique d'un moteur, ou génératrice ; l'autre, la réceptrice, tournant par réversibilité, et qui est le véritable moteur. Les types les plus généralement employés sont les suivants :

- *Moteur dynamo de Méritens.* — Ce type est absolument le même modèle qui sert de générateur dynamo électrique. Mis en rapport par deux fils aux bornes d'une autre machine, il se met en marche et transmet de 40 à 60 pour 100 de travail dépensé par la génératrice.
- *Moteur de Gramme.* — Il en existe de plusieurs modèles. Le type supérieur est une excellente réceptrice, d'une disposition spéciale, dans laquelle les deux électro-aimants sont verticaux, et qui présente une forme robuste et ramassée. Pour les transmissions de force de quelque importance, le type octogonal est souvent préféré ; il est plus massif que le précédent et peut, sous un petit volume, constituer un moteur électrique très puissant.

Le premier essai de transmission de force électrique à distance est dû à M. Hippolyte Fontaine qui l'exécuta à Vienne en 1876 ; mais celui qui fit le plus de bruit fut exécuté en grand par MM. Chrétien et Félix à la sucrerie de Sermaize en 1879. Une puissante machine génératrice transmettait la force à plusieurs réceptrices à des distances relativement assez considérables et celle-ci actionnaient divers appareils demandant une certaine puissance pour être mis en jeu, comme des grues et des charrues automatiques.

C'est la même année que fut tentée l'application de l'électricité à la traction des véhicules, par la maison Siemens et Halske qui construisit une petite locomotive électrique pour l'Exposition de Berlin. Dans cette locomotive, la réceptrice recevait le courant de la génératrice par l'intermédiaire d'un

Fig. 90. — Chemin de fer électrique Siemens à l'Exposition de Berlin.

Fig. 91. — Modèle de tricycle électrique de M. Aboilard.

rail central et de frotteurs, et transmettait le mouvement aux roues par un mécanisme très simple. La terre remplaçait le fil de retour (fig. 91).

Ce moyen fut légèrement modifié par les mêmes inventeurs pour leur tramway électrique de l'Exposition d'électricité de 1881 et, au lieu de faire venir le courant électrique par un rail central, ce qui pouvait présenter quelque danger, on le fit venir par deux conducteurs aériens sur lesquels glissaient de petits chariots munis de galets. La machine génératrice était donc toujours fixe, et la machine réceptrice seule mobile avec la voiture.

La même maison avait créé et exposé la même année un ascenseur électrique assez original et dans lequel des roues d'engrenage mues par une dynamo réceptrice étaient mises en contact avec les dents d'une crémaillère verticale, sur lesquelles elles engrenaient, faisant par suite monter lentement une plate-forme sur laquelle plusieurs personnes avaient pris place.

Parmi les essais de traction électrique les plus remarquables depuis Siemens, on peut citer ceux de M. Dupuy, dont la locomotive, mue par des accumulateurs, fonctionnait à l'Exposition industrielle de Caen (1883) et servait à l'inventeur, blanchisseur de son métier, pour étaler son linge sur d'immenses haies et le retirer, une fois sec.

M. Raffard, l'ingénieur bien connu fit, la même année, plusieurs voyages avec un tramway qui lui avait été confié par la Compagnie générale des omnibus de Paris, et dont le moteur était une dynamo Siemens actionnée par deux batteries d'accumulateurs Faure-SellonVolkmar, et qui communiquait son mouvement de rotation aux roues à l'aide d'une chaîne de Galle.

Lors de l'Exposition du travail (1885), M. Lartigue promena les visiteurs dans son porteur à rail unique, dont le moteur était une dynamo réceptrice et transformait en travail moteur le courant qui lui était envoyé par une génératrice placée à distance et fixe. A l'Exposition suivante, celle des sciences et arts industriels, ce porteur était remplacé par un tramway système Jullien, conduisant les visiteurs de la place de la Concorde à l'Exposition et mû, comme dans le tramway de M. Raffard, par une dynamo et des accumulateurs.

Dans un autre ordre d'appareils de locomotion, on s'est aussi servi de l'électricité comme force motrice. Nous voulons parler des tricycles. Le premier a été construit et essayé par M. Trouvé en 1881. Une batterie d'accumulateurs très légers est placée sous le siège où se tient le conducteur du tricycle. Elle actionne à volonté un moteur dynamo qui communique son mouvement aux roues par l'intermédiaire de deux engrenages, ou bien passant dans le filament d'une lampe à incandescence munie d'un réflecteur, produit une vive et éclatante lumière. La vitesse de ces tricycles est bonne, le fonctionnement des accumulateurs assuré pendant six heures environ ; il est donc à souhaiter que cet appareil de luxe se répande ; c'est un moyen très agréable et très commode de voyager, et on ne se fatigue point les jambes comme dans le tricycle ordinaire (fig. 91).

Fig. 92. — Le Téléphone, premier bateau électrique de M. Trouvé.

La navigation électrique a également fait quelques progrès depuis 1881, où M. Trouvé se promenait sur la Seine avec son coquet canot le Téléphone.

En Angleterre et dans quelques autres pays, le moteur électrique est souvent appliqué à la mise en marche de petits bateaux à hélice.

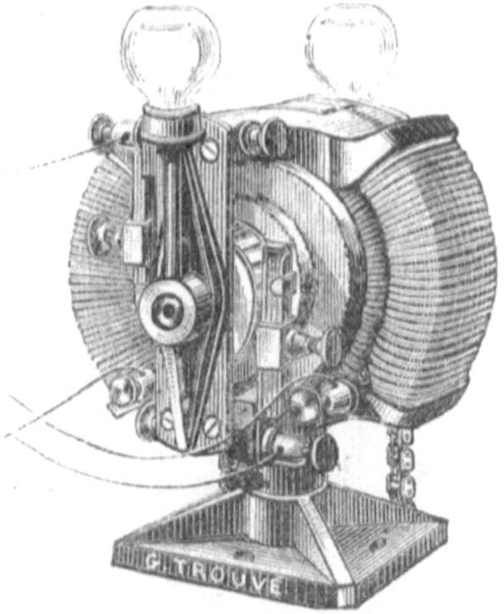

Fig. 93. — Nouveau moteur électrique de M. G. Trouvé.

Le dernier canot électrique de M. Gustave Trouvé est mû par un moteur nouveau, beaucoup plus énergique que le premier qu'il a imaginé et dont nous avons parlé plus haut. Ce moteur, du système Gramme a été étudié pour donner le rendement le plus considérable sous le moindre poids et le moindre volume possibles (fig. 93). Il est actionné par le courant de plusieurs batteries de piles au bichromate très énergiques pendant trois ou quatre heures. Le moteur est toujours monté sur la tête du gouvernail et met l'hélice propulsive en marche, à raison de 2500 tours par minute, à l'aide d'une simple chaîne Galle ou Vaucanson. Les batteries de piles peuvent allumer en même temps une lampe à incandescence et faire fonctionner la sirène électrique du bateau.

M. Trouvé a construit différents petits moteurs du genre Gramme et Siemens d'une extrême délicatesse, pour des expériences de navigation aérienne.

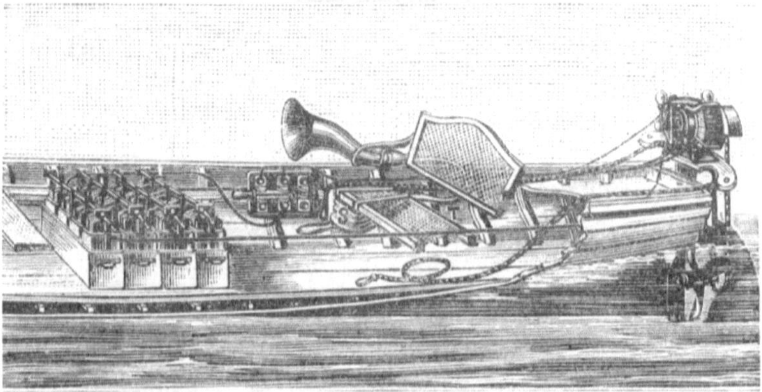

Fig. 94. — Mécanisme du second bateau électrique de M. Gustave Trouvé (vue en coupe, A. sirène électrique).

Un de ces moteurs ne pèse que 0,090 kg et peut néanmoins développer au frein 2 kilogrammètres environ. Tous les organes sont en aluminium sauf les pièces polaires qui sont en fer. Ce moteur qui peut tenir dans un cube de 5 centimètres de côté, se soulève à une hauteur de 22 mètres en une seconde, par l'intermédiaire d'un fil et d'un point d'appui. Muni d'une hélice légère et placé dans le plateau d'une balance[12], il se soulève de tout son poids lorsqu'on le met en rapport avec une source électrique constante de 40 watts. Suspendu au-dessous d'un aéroplane, il l'enlève avec une grande vélocité. Un moteur d'un cheval (75 kilogrammètres) construit dans les conditions du moteur ci-dessus pèserait à peine 3,500 kg. M. Trouvé rappelle à ce sujet qu'il construit couramment des moteurs électriques de 1/2 et d'un cheval dont les poids sont 8 et 15 kilogrammes.

Ces poids seraient réduits de beaucoup en substituant, comme dans le petit moteur, l'aluminium au cuivre.

Ils permettent avec de faibles dépenses, dit M. Trouvé, de mieux étudier qu'on ne l'a fait jusqu'alors, le rendement des hélices aériennes et la meilleure forme à leur donner.

En dehors de ces applications, on a cherché depuis quelques années à transmettre au loin la force électrique pour l'utiliser sous forme de travail mécanique. M. Fontaine, nous l'avons dit, a été le premier qui ait, en 1873, à l'Exposition de Vienne, recueilli sur une machine Gramme, mise en mouvement par une génératrice placée à distance, un travail mécanique appréciable. Après lui, M. Marcel Deprez, autour des expériences de qui on a fait beaucoup trop de bruit pour ce qu'elles valent, croyons-nous, s'est attaché à la solution du problème. Plusieurs expériences ont été faites entre Grenoble et Vizille (14 kilomètres), Miesbach et Munich, Creil et Paris. Un million a été dépensé sans rendre la solution du problème pratique.

M. Marcel Deprez s'est attaché à transmettre de grandes forces à de grandes distances au moyen d'une génératrice et d'une réceptrice uniques. Il est parvenu à recueillir 45 pour 100 du travail dépensé, mais au prix de quels sacrifices ! Les machines coûtent des prix fous, exigent d'énormes frais de construction et d'établissement, et ne peuvent se prêter à toute la variété de services que l'on est en droit de demander aujourd'hui à l'électricité. Le transport de la force

12 M. Trouvé a disposé pour plus de facilité, une balance légère à longs bras, auxquels on fixe le moteur en expérience. Les communications électriques se font à travers le pied, les couteaux et les bras de la balance, de manière à n'être pas gêné par les fils. Cette balance mobile, dans le sens vertical et horizontal, permet de faire les expériences de l'hélicoptère et de l'aéroplane électriques.

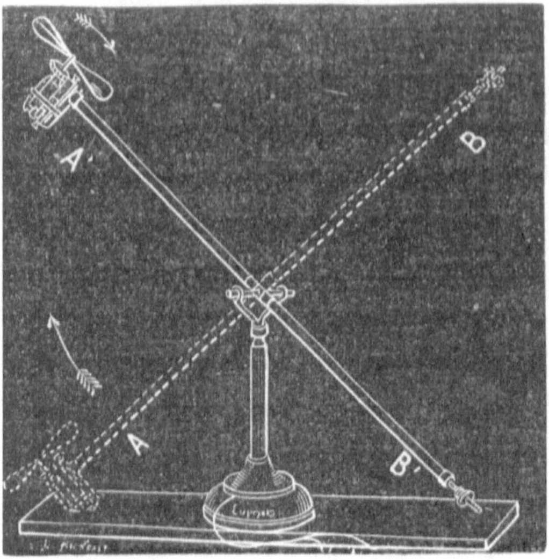

Fig. 95. — Balance électrique de Trouvé.

par les procédés de M. Deprez n'est actuellement accessible qu'aux millionnaires.

Nous préférons de beaucoup les moyens pratiques proposés et employés par M Hippolyte Fontaine. Ce savant ingénieur a transmis 50 chevaux-vapeur de force à 54 kilomètres de distance avec un rendement industriel de 52 pour 100, en employant, au lieu d'une machine génératrice unique et coûteuse, quatre machines Gramme du type supérieur de la Compagnie électrique, couplées en tension et donnant les mêmes effets que la dynamo de Creil. Le courant, envoyé à travers une résistance de 100 ohms, ainsi qu'il résulte des chiffres du rapport de M. Mascart à l'Académie des sciences, était reçu par trois dynamos réceptrices. La machine à vapeur de la station de départ développait 98 chevaux, et les trois machines à l'arrivée en recevaient 52.

CHAPITRE VIII
MOTEURS A GAZ

Machine Lenoir. — Système Otto. — Modèles récents. — Moteurs air carburé. — Applications.

- I -

Machine Lenoir

On apprit dans le cours de l'année 1860 qu'un nouveau moteur venait d'être ajouté à la liste déjà longue des moteurs connus. Le principe sur lequel se basait cette machine, n'était que la restauration, à deux siècles d'intervalle, de l'idée de Huyghens. Le savant hollandais, on s'en souvient, produisait, au moyen de la déflagration de la poudre à canon, un développement considérable de gaz, qui provoquait d'abord, l'ascension du piston dans le corps de pompe, ensuite un vide artificiel permettant la pesanteur de l'atmosphère de s'exercer sur la face supérieure du piston et de le faire redescendre.

Pour l'inflammation de la poudre, Huyghens plaçait dans le cylindre une mèche d'amadou allumée à l'avance, disposition fort défectueuse et qui représente bien l'état encore primitif où en était la science à cette époque.

Ce fut en perfectionnant l'idée de Huyghens que Papin trouva la machine à vapeur. Ce fut aussi en reprenant cette idée à un point de vue différent que M. Lenoir créa la machine à gaz. Le principe de ce moteur est la répétition, avec tous les moyens que la science a mis à notre disposition, de l'expérience,

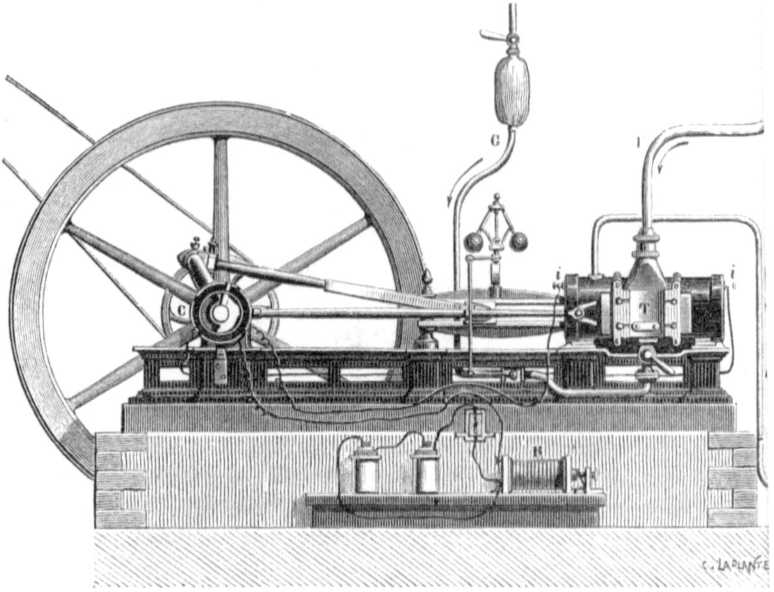

Fig. 96. — Moteur à gaz Lenoir.
G, poche régulatrice et tube de prise de gaz. — E, tube d'aspiration d'air. — e, tuyau d'échappement. — T, tiroir. — C, distributeur-commutateur. — R, appareil électrique pile de Bunzen et bobine Rhumkorff. — ii, bornes réophores.

tentée en 1682 par le physicien hollandais. C'est ainsi que la poudre, moyen grossier, a été remplacée par le gaz d'éclairage, mélangé à l'air commun, se prêtant beaucoup mieux par sa forme physique aux emplois que Huyghens avait rêvés pour son agent moteur, et la mèche, ce système rudimentaire d'allumage, à l'étincelle électrique, se produisant tantôt en arrière, tantôt en avant du piston. Voici d'ailleurs la construction du moteur Lenoir (voir fig. 97) :

L'aspect général de la machine est celui d'un moteur à vapeur horizontal. Le cylindre est placé horizontalement sur le bâti de fonte, supporté par un socle de pierre de taille, et la bielle-avance entre deux glissières. A un bout de l'arbre se trouve le volant régulateur de vitesse, et à l'autre la poulie de transmission. Le piston et les tiroirs seuls sont d'une disposition particulière, à cause de la manière d'emploi du nouveau fluide. Dans ce système, le modérateur de Watt, à force centrifuge, est conservé, et — c'est là que réside le progrès le plus important — le générateur, si encombrant et si lourd dans les machines à vapeur est supprimé. Voici ce qui se passe pendant la marche : un couple de Bunsen est installé près de la machine. Le courant passe dans une bobine de Ruhmkorff où il se multiplie jusqu'à acquérir la tension suffisante pour produire une étincelle. Des deux fils partant de la bobine, l'un arrive au cylindre et l'autre à l'appareil distributeur.

Cet appareil n'est autre qu'un excentrique fixé sur l'arbre, et sur le collier duquel ont été pratiqués des vides, destinés à interrompre le courant, et à l'envoyer à intervalles réguliers au piston. Lorsque le robinet du tuyau qui amène le gaz est ouvert, ce fluide entre par bulles et se mélange à l'air qui rempli le cylindre. Il arrive, tantôt en avant, tantôt en arrière du piston, d'après le jeu du tiroir, agencé comme pour la distribution de la vapeur dans une machine à vapeur (fig. 97).

Le cylindre étant électrisé négativement, lorsque le

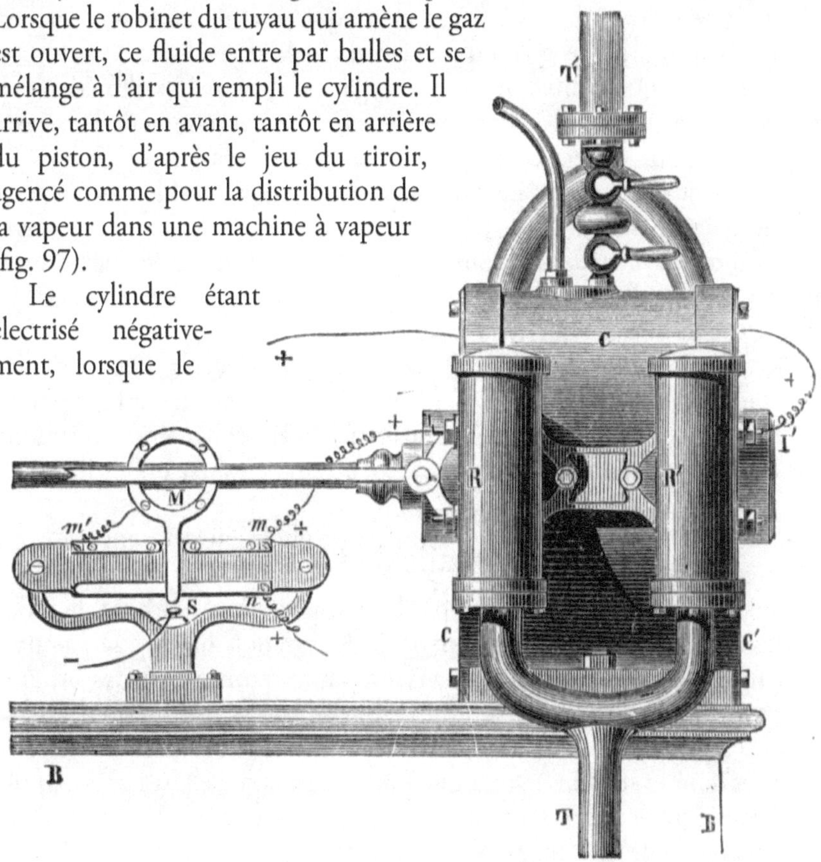

Fig. 97. — Détail de l'appareil moteur de la machine à gaz de M. Lenoir
L, piston. — B, socle. — G, cylindre-moteur. — RR', réservoir d'aspiration d'air et de gaz. — M, glissière. — S, distributeur. — T', tube d'échappement — T, tube d'aspiration. + — fils conducteurs.

piston, électrisé positivement s'approche du fil de platine appelé inflammateur, l'étincelle jaillit et provoque la combustion spontanée du gaz. Par suite de la déflagration de la masse gazeuse, le piston est lancé en avant, la bielle suit le mouvement et fait accomplir un demi-tour à l'arbre sur lequel elle est clavetée. Le tiroir d'échappement est ouvert et les produits de la combustion s'échappent au dehors. Une seconde étincelle jaillit lorsque le piston est à la fin de sa course, enflamme une nouvelle quantité de gaz et le repousse à sa position première.

C'est la répétition de ces mêmes effets qui produit un travail moteur continu faisant tourner le volant d'une façon régulière et suivie.

Comme, lorsque l'inflammation du gaz se propage à l'intérieur, la température s'élève, il est nécessaire de refroidir constamment l'extérieur du cylindre, pour éviter le grippement et la déformation du métal. Ce refroidissement est opéré au moyen d'une couche d'eau froide dans laquelle baigne le cylindre moteur.

En réalité, un manchon de fonte entourant ce dernier entièrement, on le remplit à volonté d'eau, arrivant par un tube, et s'écoulant d'elle-même, dès qu'elle a atteint une certaine température.

Une objection a été élevée contre l'adoption de ce moteur. Dans les villes, la marche de l'appareil est assurée, la canalisation est là, on établit un branchement et tout est dit. Mais dans les campagnes il n'en est pas ainsi, et, à moins d'installer des gazomètres, ont dit quelques personnes, il est impossible de se servir de la machine.

M. Lenoir a victorieusement répondu à cette objection en disant que le gaz d'éclairage bicarboné n'est pas indispensable à la marche de son appareil, et qu'on le peut facilement remplacer par la vapeur des hydrocarbures liquides. Dans ce cas, l'excès de chaleur produit par la déflagration du mélange gazeux, à l'intérieur du cylindre, peut être mis à profit pour vaporiser les hydrocarbures, et, par conséquent, l'entrée et la propagation de la machine à gaz est assurée dans les campagnes.

L'invention du moteur à gaz a une portée immense ; elle a fait accomplir un pas considérable à la science des moteurs, car cet appareil a en effet une utilité incontestable dans un grand nombre de cas.

Sa conduite est d'une facilité exemplaire : on ouvre deux robinets et c'est tout.

L'installation est d'une simplicité primitive ; le moteur se boulonne dès son arrivée sur le premier massif, la première pierre de fondation venue.

L'entretien n'en est ni difficile, ni coûteux ; il se borne au graissage régulier des pièces.

La pose est rapide ; on établit un branchement sur la conduite principale de gaz et un autre tuyau sur la canalisation d'eau.

La consommation n'est pas très grande et réalise, par conséquent, de notables économies sur la machine à vapeur. Surtout, ce qu'il faut considérer, c'est que ce moteur n'exige aucune personne spéciale pour sa conduite, qu'il ne consomme pas à l'état de repos, et que, dans aucun cas, il ne peut causer une explosion dangereuse.

Aujourd'hui, grâce aux études sérieuses faites sur ce sujet, le moteur à gaz a subi bien des perfectionnements, que nous allons pouvoir apprécier dans les pages qui vont suivre, traitant des moteurs à gaz actuels et de différents systèmes.

Partie II

Les moteurs actuels

Le moteur Otto. — La nouvelle machine Lenoir. — Les systèmes de Havel, Forest, Tenting, Deboutteville-Malandin et Bisschop.

La première machine construite après celle de M. Lenoir et ne marchant que par le gaz d'éclairage ou la vapeur combustible d'hydrocarbures liquides, fut celle de MM. Otto et Langen, mécaniciens allemands.

Contrairement à M. Lenoir, ces deux ingénieurs avaient adopté la position verticale pour leur moteur. Le tiroir, le cylindre et leurs accessoires étaient placés sur les côtés d'une forte colonne de fonte, sur le sommet de laquelle se trouvaient supportés par des paliers, le volant et la poulie de transmission (fig. 98).

C'était en 1865. Deux ans plus tard les mêmes ingénieurs exposèrent un autre moteur dont la disposition était horizontale, revenant par là à celle employée par l'inventeur français.

Ce système eut plus de succès que le précédent. Quoique pour le bon fonctionnement de l'appareil il fallût des volants lourds et bien équilibrés, il se propagea, et plusieurs moteurs d'une force variant entre 20 et 50 chevaux furent construits en Angleterre.

Après des études consciencieuses, persévérantes, et d'après les indications de la pratique, M. Otto, seul cette fois, corrigeant, améliorant toutes les pièces

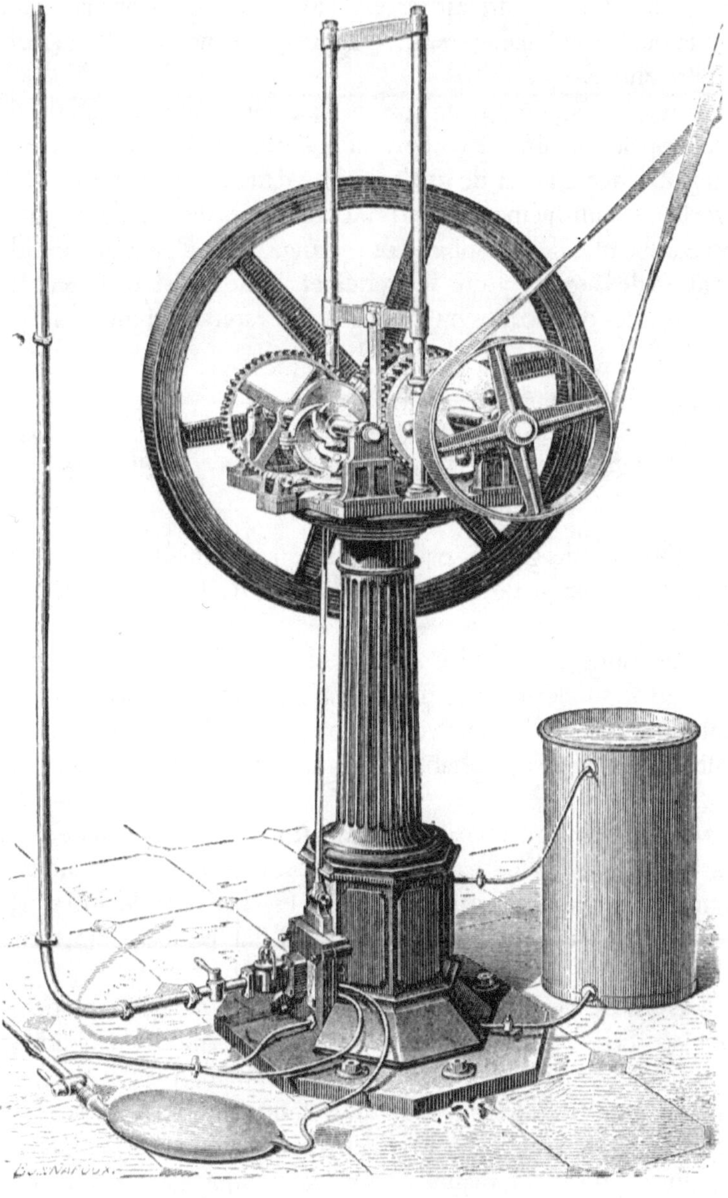

Fig. 98. — Moteur à gaz Otto et Langen

de son mécanisme, fit connaître le véritable moteur à gaz silencieux. Dans ce nouveau système le cylindre est ouvert d'un côté ; le piston, la tige, l'arbre coudé et la bielle sont analogues aux organes de même nom d'une machine à vapeur horizontale.

Le piston étant au bout de sa course laisse entre lui et le fond du cylindre un espace appelé chambre de compression. Par un premier coup de piston en avant, un mélange d'air et de gaz est aspiré dans cette chambre. Lorsque le piston revient sur lui-même il comprime ce mélange ; le tiroir démasquant alors la flamme d'un filet de gaz, allume ce mélange. Une dilatation considérable, vu l'élévation de la température, se produit et chasse le piston qui recommence son jeu. Donc les deux coups ou double-courses sont ainsi divisés :

1er Coup	En avant. Aspiration du mélange. En arrière. Compression.
2e Coup	En arrière. Évacuation des produits de la combustion. En avant. Inflammation du mélange, dilatation, action motrice sur le piston.

La combustion du gaz ne se produisant que lorsque le piston a fait deux courses, amène donc une économie notable que n'avait pas réalisé le moteur Lenoir.

Les fondations sont nulles pour cette machine. Elle se boulonne instantanément sur le premier massif venu et peut se placer, par suite de cette condition, dans n'importe quel appartement. Sa marche étant absolument silencieuse, elle est préférable, dans un grand nombre de cas, aux autres systèmes.

Pour éviter l'élévation de chaleur qui se forme pendant la marche et à chaque combustion de gaz, on refroidit le cylindre au moyen, d'un courant d'eau l'arrosant constamment. Comme la dépense est d'environ 50 litres par heure et par force de cheval, il est plus économique d'établir un embranchement sur la conduite de la rue qu'un réservoir de capacité variable.

Nous avons dit que le mélange employé était formé de 90 parties d'air et de 10 de gaz. Pour l'alimentation, on place sous le moteur le réservoir d'air, au milieu duquel se termine le tuyau d'aspiration et l'on réunit par un tube le moteur à la conduite principale de gaz. Un compteur intercalé entre le moteur et la conduite permet de juger de la dépense de fluide. Au premier coup, le piston aspire (le tiroir commandé par un excentrique étant ouvert) l'air dans le réservoir et le gaz dans le compteur. Le mélange s'opère dans le cylindre

Fig. 99. — Moteur à gaz d'Otto.

même. Un tuyau est nécessaire pour conduire à l'air libre les produits de la combustion.

De même que la machine Lenoir le système Otto brûle un peu plus d'un mètre cube de gaz à l'heure. C'est une dépense de 3 francs par journée de travail de 10 heures. On va voir le rapport qu'il y a entre les moteurs à gaz et ceux à vapeur.

Une bonne machine à vapeur bien entretenue et propre, consomme de 1 à 4 kilogrammes de houille par heure et par force de cheval. A l'usine à gaz pour fabriquer le mètre cube de gaz nécessaire à la marche du moteur Otto, il faut distiller dans les cornues 4 kilogrammes de charbon de terre. D'un certain côté la machine à vapeur serait donc plus économique que ce dernier système.

Cependant la machine à gaz est intéressante à plus d'un titre, les explosions sont presque impossibles ou en tous cas peu dangereuses ; le réglage s'obtient au moyen d'un robinet, elle n'exige donc pas, pour sa conduite, un ouvrier spécial. D'ailleurs la suppression de la chaudière, ce point capital seul, serait assez pour la rendre recommandable. Aussi, depuis 1877, plus de quatre mille moteurs, d'une force variant entre 1 cheval et huit chevaux, ont-ils été placés tant en France qu'à l'étranger. Ils ont été appliqués dans 73 corps de métiers différents, surtout chez les imprimeurs et les mécaniciens. Ce chiffre de vente seul prouve l'excellence de ce système, supprimant tout organe encombrant et, sous un très petit volume, offrant une force motrice considérable. C'est pourquoi son adoption s'est aussi rapidement propagée chez les industriels et, le prix du gaz s'étant abaissé, pourquoi il a surgi depuis une quantité de nouveaux moteurs tous du même genre, mais de plus en plus perfectionnés, ainsi qu'on va pouvoir en juger.

Moteur Salomon et Tenting. — Le moteur de MM. Salomon et Tenting, ingénieurs-constructeurs distingués, des inventions de qui nous avons eu à nous occuper au chapitre des machines à vapeur à grande vitesse, est le dernier en date. Il a profité des tâtonnements de ses devanciers et se trouva par suite être supérieur, pour certains points, aux autres moteurs à explosion qui ont paru depuis l'époque à laquelle M. Lenoir faisait connaître celui qu'il n'a cessé de perfectionner.

Le moteur Salomon-Tenting est d'une construction robuste. Il marche indifféremment au gaz d'éclairage ou à l'air carburé. Son cylindre moteur est entouré d'une caisse de fonte à compartiments nombreux où l'air circule pour refroidir les parois. L'allumage s'opère à l'aide d'un appareil magnétique actionné par une batterie de piles au bichromate système Dulaurier. La vitesse de sa marche va jusqu'à trois cents tours à la minute, et la consommation de gaz pour un moteur de plusieurs chevaux, est d'un mètre cube par cheval et par heure de fonctionnement.

Ce moteur a déjà reçu de nombreuses applications et qui ne feront que se multiplier au fur et à mesure que le prix du gaz et des essences s'abaissera.

Fig. 100. — Moteur à gaz dit le Simplex.

Depuis quelques années les installations d'usines étant devenues plus répandues, il a surgi un grand nombre d'autres moteurs à gaz dont nous étudierons le fonctionnement.

Ces moteurs dérivent en somme de la machine de M. Lenoir : c'est de l'air dilaté par la chaleur qui pousse le piston à bout de course, mais les moyens de mettre ce principe en oeuvre, ont été notablement perfectionnés par les divers inventeurs qui se sont appliqués à la résolution du problème de la production économique et sans danger de la force motrice.

C'est en 1887, à l'Exposition du Havre, que le public a pu voir fonctionner dans la galerie des machines, le moteur à gaz le Simplex, inventé par MM.

Delamarre, Debouttevile et Malandin, et construit par la maison Thomas Powell, célèbre usine de construction de Rouen.

Dans ce système, l'allumage du mélange d'air et de gaz carboné, au lieu de s'opérer comme dans la plupart des moteurs de ce genre au moyen d'un bec extérieur, est réalisé à l'aide d'une étincelle électrique continue et placée dans une cavité du tiroir lequel, par conséquent, ne consiste plus qu'en une simple plaque de fonte percée de trous destinés l'un à l'admission du mélange gazeux et l'autre à son inflammation. Dans ces conditions, cet organe de distribution ne présente plus aucun inconvénient, son entretien est des plus faciles et sa durée très longue.

La suppression du bec de gaz extérieur procure en outre l'avantage de diminuer la chaleur dans les organes de distribution qui sont ainsi assurés d'un meilleur fonctionnement et d'une plus grande propreté.

On produit l'étincelle électrique au moyen d'une pile au bichromate de potasse, dont la solution dure un mois ; et le courant électrique passe par une bobine de Ruhmkorff, puis de celle-ci au tiroir.

Ces machines Simplex fonctionnent soit au gaz d'éclairage, soit au gaz pauvre, soit au carbure de pétrole. A l'Exposition, elles ont été alimentées par un générateur à gaz pauvre, système Dowson. Avec ce gaz, leur consommation tombe au-dessous de 750 grammes d'anthracite par cheval effectif et par heure.

Un petit moteur d'un cheval a fonctionné avec des carbures de pétrole. L'appareil carburateur, invention brevetée de MM. Delamarre et Malandin, est d'une extrême simplicité, car il ne comporte aucun organe de mouvement. A partir du 15 août, cette machine actionnait un dynamo Cuenod Sautter et Cie, alimentant deux lampes à incandescence, système Woodhouse et Rawson. Sa marche ne laissa rien à désirer et sa lumière blanche était absolument fixe.

Le système Simplex est incontestablement appelé à un très grand succès, en raison de ses qualités propres d'abord, et aussi grâce aux avantages que procure son emploi. D'ailleurs l'usage des moteurs à gaz tend de plus en plus à se généraliser. Pour les petites forces, en effet, ils remplacent avantageusement les machines à vapeur, puisqu'ils sont toujours prêts à fonctionner et qu'ils n'occasionnent aucune dépense lorsqu'ils sont en repos.

M. Lenoir, le créateur de la machine à gaz perfectionna, à peu près vers la même époque, son moteur. Il parvint à supprimer le tiroir, qui est la pièce la plus délicate de ce genre d'appareils, mais conserva l'étincelle électrique comme moyen d'allumage. La consommation de gaz qui était auparavant de plus d'un mètre cube par cheval et par heure de marche, s'abaissa considérable-

Fig. 101. — Moteur Kœrting-Lieckfield.

ment et arriva à 750 litres. C'était déjà un beau résultat et qui aurait satisfait plus d'un inventeur ; cependant M. Lenoir continua le cours de ses travaux et il imagina le moteur à air carburé, c'est-à-dire le moteur à gaz transportable, produisant lui-même le fluide moteur, grâce à un dispositif très simple et complétant l'appareil qui prit de suite une grande extension, comme nous le verrons dans le chapitre suivant.

A peu près vers la même époque, parurent divers autres modèles de machines à gaz. Citons les types de Ravel, avec son cylindre oscillant, de Bénier frères, dans lequel le piston était vertical et jouait de haut en bas pour communiquer le mouvement à un balancier relié à l'arbre de couche, le modèle de Koerting-Lieckfield d'une disposition robuste et assez compliquée, et enfin le moteur Forest, aujourd'hui très répandu chez les industriels. C'est, à notre avis, le plus simple et celui que l'on peut préférer à tout autre pour la production des petites forces, c'est-à-dire de 2 à 10 kilogrammètres.

Ce fluide, que ces tuyaux amènent jusque dans nos demeures pouvant développer une chaleur intense, se prêtait merveilleusement à la division de la force motrice. Restait à trouver le moteur qui les emploierait.

Les plus petits moteurs à gaz, de MM. Lenoir, Otto et Langen, ou de la Compagnie française, étant d'une force d'un demi-cheval vapeur et leur vitesse de rotation de 180 tours à la minute ; les industriels n'ayant besoin que d'une force de quelques kilogrammètres, d'une plus grande vitesse, et encore plus économique, ne pouvaient s'en servir.

M. Bisschop étudia donc un nouveau système, réunissant toutes ces qualités, et le 9 juillet 1880, il présenta son invention à la Société d'encouragement qui lui décerna le prix de 1000 francs attribué au meilleur petit moteur domestique. Voici en quoi consistait le moteur à gaz de M. Bisschop : le principe sur lequel repose ce moteur est des plus simples ; il utilise directement l'explosion d'un mélange de 95 parties d'air et de 5 parties de gaz, qui produit sur le piston une pression de 5 atmosphères[13].

Les choses principales à examiner dans sa construction sont donc : la distribution du gaz et son emploi, transformation en travail mécanique de la chaleur produite par la combustion. La disposition de ce moteur est très simple à comprendre. Il se compose d'abord du socle, du fourneau boulonné sur le socle, enfin du mécanisme de transmission. La prise de gaz, sur la conduite principale, se fait au moyen d'un robinet porte-caoutchouc analogue à ceux employés pour les fourneaux à gaz ordinaires. Pour éviter de faire danser, par

13 *Mémoire de M. Bisschop*, Paris 1880.

Fig. 102. — Moteur à gaz Bisschop.

l'effet des coups de piston, les becs du voisinage on règle, en se servant de deux poches de caoutchouc, l'entrée du gaz. Lorsque le mélange s'enflamme, le piston est lancé au haut de sa course, il entraîne avec lui la bielle, qui marche dans une glissière cylindrique ayant l'aspect d'une longue cheminée. La bielle étant fixée à pivot sur le bouton d'une manivelle, la fait tourner, en même temps que le volant et la poulie de transmission.

Comme dans le moteur Otto, c'est un bec de gaz constamment allumé qui fait détoner le mélange placé sous le piston. Il est donc de toute nécessité d'avoir deux poches de caoutchouc pour régler la distribution du gaz.

Quand on se prépare à mettre le moteur Bisschop en action, il faut le chauffer. A cet effet, un petit fourneau à gaz est placé entre les ailettes, et le courant qui l'alimente est le même qui alimente le bec d'allumage.

Il n'y a pas de tiroir, seule une soupape, laissant apparaître à intervalles réguliers la flamme du bec, est manoeuvrée par un excentrique fixé sur l'arbre, près de la manivelle. Pour l'échappement des gaz brûlés, un tube de fer allant jusqu'à l'extérieur, à la gargouille, est placé sous le socle, près du fourneau de chauffage.

Le moteur Bisschop est économique, en ce qu'il ne se graisse pas et n'a aucunement besoin de fondations, puisqu'il se pose immédiatement sur le plancher nu de la pièce où il doit travailler, mais il est incommode à cause du bruit sec de la déflagration du gaz. Malgré ce léger défaut, facilement remédiable lorsqu'on sait bien le conduire, ce système s'est rapidement propagé chez les petits fabricants.

Le moteur Bisschop est d'une force variant entre 3, 6, 9 kilogrammètres, c'est-à-dire d'un 1/2 homme et d'un homme. Il y en a aussi de 25 kilogrammètres ou 1/3 de cheval. Le plus grand modèle est de la puissance d'un cheval-vapeur. La vitesse de ce moteur varie d'après sa puissance, entre 60 et 180 tours à la minute. Avec son socle, le modèle d'un cheval pèse 850 kilos et dépense 1850 litres de gaz à l'heure. Il consomme donc, à force égale, beaucoup plus que les autres moteurs qui l'ont suivi et que nous avons étudiés ici.

Partie III

Moteurs à pétrole
Applications diverses

Les moteurs à pétrole et à air carburé sont de date tout à fait récente. Pendant plus de quinze années, la machine pourtant si ingénieuse de M. Lenoir était demeurée un moteur fixe, coûtant plus cher, comme entretien, que la machine à vapeur et seulement employée dans les cas où il était impossible d'installer une autre force motrice plus économique.

Le moteur Otto, beaucoup plus perfectionné, fut ensuite considéré comme parfait, malgré la grande dépense d'huile que son mécanisme compliqué et délicat exigeait. Mais c'était encore une machine fixe, qu'il était impossible de faire fonctionner en dehors d'une ville possédant une canalisation de gaz et dont la liste des applications était par suite restreinte.

Les inventeurs se remirent donc à l'oeuvre et cherchèrent à permettre au moteur à gaz de se passer du fluide envoyé par les tuyaux de l'usine. Mais alors il fallait, ou transporter avec soi tout un appareillage pour la fabrication de l'hydrogène carboné, ou un gazomètre volumineux et embarrassant. Devant cette impossibilité matérielle, on en revint au moteur à air chaud, et il fallut l'apparition des usines à gaz domestiques où un jet d'air, traversant de l'essence de pétrole, se chargeait d'hydrocarbures, brûlant avec une flamme très chaude, pour que l'on pensât à utiliser l'air carburé dans les moteurs. M. Brayton parait être le premier inventeur qui ait songé à cette application.

• *Moteur Brayton.* — Comme fonctionnement général, le moteur Brayton est analogue à un moteur à gaz dans lequel ce combustible serait remplacé par des vapeurs de pétrole.

Il se compose d'un cylindre moteur à simple effet et d'un cylindre de compression, dans lesquels se meuvent des pistons reliés à un balancier qui communique, par l'intermédiaire d'une bielle et d'une manivelle, un mouvement de rotation à un arbre portant un lourd volant et une poulie de transmission.

Les deux cylindres communiquent par un tuyau, l'air comprimé se rend dans le cylindre moteur par ce tuyau, et avant d'y arriver traverse des disques de bronze perforés, entre lesquels sont interposées des toiles métalliques. Au-dessus des disques se trouve un espace annulaire rempli de feutre formant garniture et sur lequel arrive l'hydrocarbure.

Le liquide est extrait d'un réservoir au moyen d'une petite pompe mue par un excentrique calé sur l'arbre de manoeuvre des soupapes. Le pétrole, refoulé par la pompe, se répand sur les disques ; l'air comprimé en traversant ces disques, s'imprègne de la quantité de vapeur nécessaire pour former un mélange dont la combustion complète s'effectue dans le cylindre moteur ; les produits de la combustion s'échappent ensuite par le tuyau.

Les soupapes des deux cylindres sont manoeuvrées par des cames calées sur un arbre horizontal recevant son mouvement de l'arbre moteur à l'aide d'engrenages, et de telle sorte que sa vitesse soit deux fois moindre que celle de l'arbre moteur.

Le cycle complet des opérations comprend deux tours de l'arbre moteur, un tour de l'arbre des cames, et quatre phases successives, comme dans le moteur à gaz système Otto, c'est-à-dire deux phases dont la somme du travail produit est nulle, une phase de compression de l'air aspiré au dehors et une phase motrice produite par la détente de l'air au moment de sa combustion dans le cylindre.

A la partie inférieure du bâti sont placés deux tubes en fer formant réservoirs à air. L'un d'eux sert de régulateur pour empêcher de trop grandes variations dans la pression ; l'autre, rempli d'air à haute pression sert à mettre la machine en marche, ce qui évite de tourner le volant à la main pour affecter cette mise en marche.

La machine de quatre chevaux consomme environ un demi-litre de pétrole brut par heure et par cheval. Au prix de 70 centimes le litre en

France, c'est une dépense de 35 centimes par heure et par cheval. Le moteur à pétrole de M. Brayton n'est donc pas beaucoup plus cher, à puissance égale, qu'un moteur à gaz Otto brûlant 1 000 litres de gaz c'est-à-dire 30 centimes, au prix des particuliers ; il se présente dans des conditions économiques de nature à rendre son emploi très avantageux dans la majorité des cas.

Moteur Lenoir. — En 1884, M. Lenoir adapta à son moteur à gaz perfectionné et que nous avons décrit dans le précédent chapitre, un carburateur à demi rempli de gazoline (essence de pétrole). L'air extérieur traversait cette boîte cylindrique animée d'un lent mouvement de rotation, se chargeait de vapeurs carburées, et pouvait être ensuite brûlé dans le cylindre moteur comme si c'eût été du gaz d'éclairage ordinaire.

Tout l'appareil était monté sur un chariot à roues muni d'un brancard et semblable à une locomobile agricole. Le moteur à gaz pouvait dès lors être transporté et travailler dans les champs.

Travail par seconde	. . . .	$147^k,07$
Travail en chevaux-vapeur	. . . .	$1^{ch},961$
Consommation du pétrole à 650 grammes le litre (gazoline).	Poids du liquide employé : $31^k,750 - 28^k,700 =$	$3^k,050$
	Soit en volume . . . . . . $\frac{3^l,050}{0\ 65}$	$= 4^l,70$ en $3^h, 57^m$
	Consommation par heure $\frac{4,70}{237} \times 60$	$= 1^l,19$
	Consommation par cheval et par heure.	$0^l,6068$
Rendement en travail indiqué	. . . .	0,638

D'après un rapport de M. Tresca à la Société d'encouragement, un moteur Lenoir de deux chevaux-vapeur, sans réfrigérant d'eau, a donné les résultats suivants.

Ce dernier chiffre est un peu inférieur à celui qui aurait été obtenu si la constitution même du moteur n'impliquait pas un certain nombre de coups perdus toutes les fois que le modérateur agit pour suspendre l'alimentation.

Ces chiffres démontrent que les moteurs à pétrole, système Lenoir, permettent de produire un cheval-vapeur avec une consommation moyenne de 0,629 l de gazoline. Cette consommation supposant, comme l'affirment les constructeurs, qu'on ne trouve dans le carburateur aucun

Fig. 103. — Moteur à pétrole de Lenoir.

résidu non utilisable et qu'il suffit de remplir l'appareil, en ajoutant à la quantité de liquide entrant dans le carburateur celui nécessaire pour compléter son remplissage et le mettre en état de satisfaire à une nouvelle journée de travail.

Si l'on prend comme valeur de la gazoline 70 centimes le litre à Paris et 50 centimes hors Paris, on arrive à la dépense suivante :

Dépense par heure à Paris	44 centimes.
Dépense par heure hors Paris	32 —

Ce dernier chiffre se rapproche de celui qu'exigent les moteurs à gaz d'éclairage, et démontre que l'emploi des mélanges explosifs pour la production de la force motrice peut être obtenu par l'usage des moteurs à pétrole, et présenter, avec les mêmes avantages, la possibilité de les employer en pleine campagne et pour la navigation, ainsi que nous le verrons plus loin.

Moteur Forest. — Nous n'en dirons que quelques mots, l'inventeur ayant omis de nous faire tenir des renseignements techniques exacts sur son système. A première vue, ce moteur paraît beaucoup plus simple que celui de M. Lenoir. Sa construction est robuste. Les cylindres, placés dans le prolongement l'un de l'autre, actionnent un lourd volant par l'intermédiaire de bielles articulées en leur milieu. Mais, au dire

Fig. 104. — Moteur à pétrole système Forest

des personnes compétentes, la dépense d'air carburé est tout à fait hors de proportion avec la force motrice produite, car il se produit à chaque aspiration un mélange de gaz combustibles et de gaz brûlés qui diminue considérablement la force de l'explosion.

- *Moteur Archat.* — Ce moteur a été assez longtemps exposé rue de Nemours. Il était assez simplifié et son allumage était ingénieusement combiné. Mais, malgré ces qualités, il a disparu depuis quelque temps et il ne paraît pas que son inventeur ait réussi à dépasser MM. Spiel et Lenoir.

Les efforts des mécaniciens qui ont imaginé ou perfectionné les moteurs à pétrole se sont surtout portés sur la locomotion et la navigation. Ainsi, M. Forest et plusieurs autres ont créé des tricycles mus par de semblables petits moteurs. Les voitures avec moteur à pétrole ont aussi été proposées, mais jusqu'ici sans grand succès. C'est dans la navigation

Fig. 105. — Le premier bateau mû par une machine à pétrole (système Lenoir)

que l'on s'est surtout essayé, et c'est encore M. Lenoir qui a donné l'exemple avec un canot qu'il a essayé à plusieurs reprises sur la Seine et qui ne mesure pas moins de 7 mètres de longueur.

Le moteur fait de 200 à 250 tours par minute et l'hélice, dont le diamètre est de 0,55 m, fait dans le même temps de 230 à 285 tours.

A la vitesse de 200 tours, le moteur produit une force de 3 chevaux-vapeur effectifs, mesurée au frein.

La dépense est d'environ 400 grammes de gazoline par cheval et par heure.

La machine se compose de deux cylindres superposés. L'arbre moteur est vertical et porte à sa partie inférieure un volant horizontal, ce qui assure la stabilité du bateau et s'oppose au roulement.

L'air carburé est produit dans un appareil spécial, dit carburateur, relié par un tube aux robinets de distribution. Sous l'aspiration du piston, l'air chargé de gazoline se rend dans chaque boîte à soupape où il se mélange à une certaine quantité d'air pur, et le tout pénètre dans chaque cylindre, y est comprimé fortement, puis l'explosion motrice a lieu par l'action d'une étincelle d'induction. Celle-ci est produite par deux éléments de pile et une bobine de Ruhmkorff placés sous un des bancs du bateau et reliés électriquement au moteur.

La vitesse de celui-ci est réglée par des barres de relevage actionnant les soupapes d'admission, en donnant un nombre d'explosions plus ou moins grand pendant un temps donné.

Au moyen des dites barres de relevage, on peut à volonté ne faire fonctionner qu'un seul des cylindres ou tous les deux à la fois.

Il était indispensable pour cette application de prévoir les changements de marche. Ce résultat est obtenu au moyen d'un levier placé à l'arrière et qui donne, suivant ses trois positions, soit la marche en avant, soit la marche en arrière, soit la marche à vide ou au repos, c'est-à-dire sans actionner l'hélice.

Le refroidissement des cylindres est obtenu d'une façon très simple par une circulation produite par une petite pompe centrifuge qui puise l'eau sur un des côtés. On a branché sur le tuyau d'aspiration un second tuyau communiquant avec une crépine courant dans tout le fond du bateau ; on pourrait ainsi en cas d'accident épuiser une grande quantité d'eau.

Le moteur à air carburé appliqué aux bateaux présente des avantages qu'il est facile d'apprécier et qui sont :

1. Mise en marche et arrêt instantané et nulle dépense au repos, comme dans tout moteur à gaz ;
2. Suppression du foyer et par suite de l'alimentation d'eau du générateur de vapeur, avantage important surtout en mer ;
3. Réduction considérable du poids de combustible à emporter et son emmagasinement plus facile ;
4. Grande propreté obtenue par la suppression de la fumée, des cendres et des escarbilles.
5. Conduite très facile du moteur et absence complète de tout danger d'explosion.

Depuis M. Lenoir, d'autres constructeurs ont établi des moteurs à pétrole sur des bateaux. Nous citerons particulièrement MM. Salomon et Tenting, qui ont installé leur modèle de 4 chevaux-vapeur sur une yole très lourde et très massive et sont parvenus, par un artifice très simple, à supprimer le système compliqué des tiroirs pour le changement de marche du bateau. Les trois ou quatre ailes de l'hélice peuvent pivoter sur elles-même, de façon à ce que leur pas se trouve dirigé à droite, à gauche ou annulé. D'un simple coup de levier, et sans que le moteur à pétrole s'arrête de tourner dans le même sens, le bateau marche en avant, en arrière, ou s'arrête complètement, suivant la position prise par les ailes du propulseur. C'est fort ingénieux, et à ce titre, cet artifice mécanique devait trouver sa place ici.

CHAPITRE IX
MOTEURS A GRANDE PUISSANCE

Machine Du Tremblay. -- Machines à gaz liquéfiés. -- L'ingénieur Brunel. — Machine Ghilliano. — Moteur Graffigny — Moteurs à ammoniaque. — Moteur à poudre.

- I -

Machine du Tremblay

Nous avons dit, en terminant la description des moteurs à vapeur, qu'il était constant qu'une quantité énorme de calorique est perdue dans les machines, soit à haute pression, soit à condenseur. Cela est visible: dans les machines à haute pression la vapeur s'échappe dans l'atmosphère en emportant de la chaleur qui aurait pu être utilisée. La même perte existe dans les machines à condenseur, par la vapeur qui s'y liquéfie, cédant à l'eau le calorique qu'elle renferme et qui est ainsi perdu.

C'était dans le but de remédier à ces pertes que M. Siemens avait inventé sa machine à vapeur régénérée, où il faisait rendre à la vapeur toute la force mécanique qui pouvait lui rester, après avoir travaillé dans le cylindre moteur. Ce fut aussi dans cette vue que M. Du Tremblay ajouta l'éther à la vapeur.

On sait que l'éther sulfurique est un corps qui bout et se réduit en vapeur à 36 degrés. Dans son système le célèbre ingénieur employait la vapeur arrivant du piston, ou du moins la chaleur qui lui restait, à échauffer l'éther. Celui-ci, une fois changé en vapeur, passait dans un second cylindre, où il mettait en mouvement le piston, à la manière ordinaire. Quant à la vapeur qui l'avait chauffé, elle se condensait et, par un ajustage particulier, retournait à la chaudière.

Cette circonstance était fort avantageuse puisqu'elle permettait d'alimenter la chaudière avec de l'eau distillée, ce qui évitait les incrustations avec leurs conséquences, quelquefois si désastreuses.

Une fois que l'éther avait servi à opérer un travail sur le piston, il passait à travers une boite remplie de petits tubes creux, incessamment traversés par un courant d'eau. Là, il se condensait puis, repris par une pompe, il revenait au vaporisateur, où il était de nouveau volatilisée par un jet de vapeur et ainsi de suite.

L'économie constatée avec la machine Du Tremblay fut de 50 p. 100 sur le combustible, tout en produisant le même effet qu'une machine à haute pression à condenseur. Avec la machine à vapeur régénérée de M. Siemens on n'avait obtenu qu'une réduction de 2/3 sur la dépense de combustible.

La machine à vapeurs combinées eut un grand succès.

Quatre navires de la ligne Marseille-Alger en furent pourvus. Le premier, le *Du Tremblay*, était de la force de 70 chevaux, les trois autres de 350 chevaux. Plusieurs constructeurs à Lyon achetèrent des machines à éther de 50 chevaux. En Angleterre, quelques machines marines furent construites suivant ce système. Enfin le navire français le *Jacquard*, d'une compagnie de Lyon, fut muni d'une machine à éther de la force de 600 chevaux. Il fit pendant longtemps le service du Havre à New-York.

M. Lafont, officier de marine, émit l'idée de remplacer l'éther, corps trop inflammable par le chloroforme, beaucoup plus stable. Une machine de 20 chevaux dotée de ce système rendit de grands services pendant la construction du port de Lorient. Ensuite le gouvernement satisfait de ces résultats, fit établir une machine Lafont, de 125 chevaux, sur le navire le *Galilée*.

Pour remédier au défaut qu'a l'éther de ronger les . pièces métalliques. M. Tissot le supprima entièrement dans sa nouvelle machine. Il le remplaça par le chloroforme pur, additionné de 2 parties d'huile essentielle. Il n'employait que ce mélange, sans faire non plus usage de la vapeur d'eau, ce qui simplifia considérablement la machine.

Ainsi construite, la machine Tissot à chloroforme pur, fut installée dans une brasserie à Lyon, où elle rendit de grands services, au dire de l'inventeur.

Une machine soit à éther, soit à chloroforme est cependant réellement dangereuse par suite de la grande combustibilité du fluide ajouté à la vapeur.

Un navire, mû par une machine à éther a été la proie des flammes en pleine mer. Employer concurremment l'éther et l'eau, c'est avoir la poudre et le brasier à proximité l'un de l'autre. Une menace d'incendie est éternellement suspendue sur le navire, la fabrique ou la manufacture dont le moteur est une machine à vapeurs combinées.

D'ailleurs, pour dire vrai, les moteurs Du Tremblay, Lafont et autres, ont fait leur temps et il serait bien difficile, sinon impossible, de citer l'industrie ou l'usine possédant une machine à vapeurs combinées.

Partie II

Machines à gaz liquéfiés.

L'ammoniaque et l'acide carbonique.

De nombreux inventeurs, rompant avec la routine, se sont lancés hardiment, — à corps perdu, dirions-nous presque — à travers le champ infini des applications de la physique et de la chimie à la mécanique.

Avant d'entreprendre la description des machines motrices, construites sur de nouveaux principes, disons quelques mots des corps, des gaz plutôt, employés dans les moteurs. L'un des premiers corps que l'on chercha à utiliser dans les machines pour remplacer la vapeur d'eau fut l'acide carbonique ; ensuite vint l'ammoniaque. Voici sous quelle forme ils devaient travailler.

L'acide carbonique (C_2O_4 en chimie) composé d'oxygène et de carbone dans le rapport de 8 à 3, est le premier gaz que l'on ait distingué de l'air atmosphérique.

C'est Van Helmont qui en fit la découverte en 1844. Ce médecin ayant chauffé fortement des pierres calcaires reconnut qu'il s'en dégageait un air auquel il donna le nom de gaz. Black et Priestley en étudièrent avec soin les propriétés. Mais c'est Lavoisier qui en fit connaître en 1776, exactement la nature, la composition et lui imposa le nom qu'il porte encore aujourd'hui[14].

14 *Traité de chimie*, par Langlebert.

En 1825, M. Thilorier, physicien français, parvint à le liquéfier de la façon suivante : dans un récipient en fonte épaisse, monté sur pivot et se bouchant avec un écrou à vis intérieur, on verse 500 grammes d'eau à 30°, 200 grammes de bicarbonate de soude, on place ensuite une éprouvette de cuivre contenant 500 grammes d'acide sulfurique et l'on ferme avec le bouchon à vis (fig. 106).

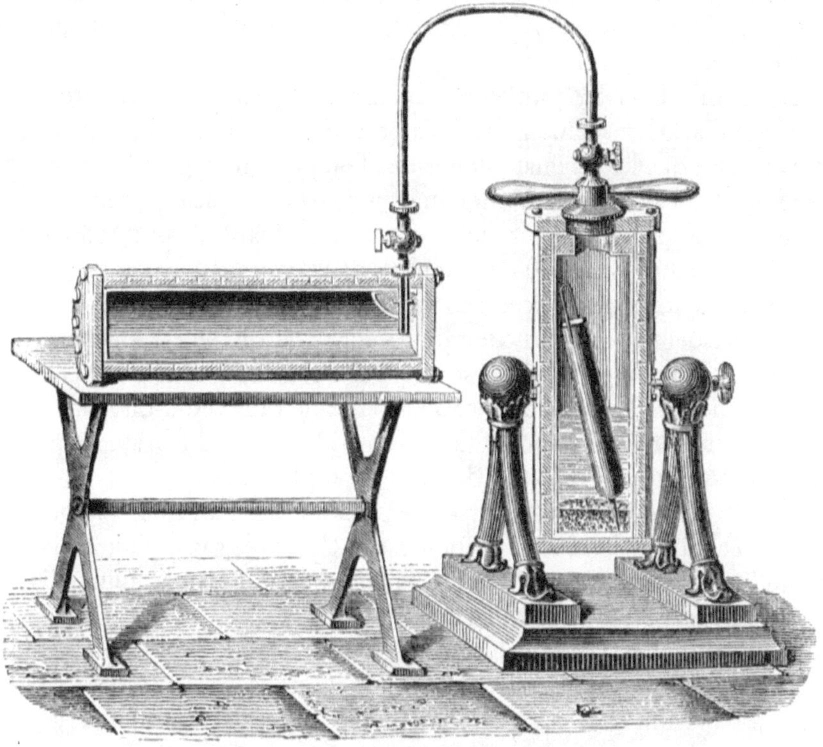

Fig. 106. — Appareil Thilorier pour la liquéfaction du gaz acide carbonique.

Si l'on incline le récipient et qu'on le fasse tourner sur ses pivots, l'acide se mélange à l'eau et attaque le bicarbonate de soude[15]. Celui-ci, dégageant alors une quantité de gaz 250 fois plus grande que l'intérieur du vase, la pression augmente, et à 36 atmosphères, le gaz acide carbonique se liquéfie et se mélange à l'eau. Par suite de la réaction chimique qui se produit, la température s'élève. Si l'on met, au moyen d'un tube de cuivre, le générateur

15 *Cours de physique*, par Ganot.

en rapport avec un autre vase, appelé récepteur, l'acide carbonique distille du récipient chaud au récipient froid, et tombe, liquide et pur de tout mélange dans le récepteur, d'où il peut être tiré au besoin. La pression étant nulle dans le générateur à ce moment, on le découvre et on recommence. On peut obtenir de cette façon jusqu'à huit litres d'acide carbonique liquide. Il est incolore, très fluide, soluble dans l'alcool et dans l'éther, insoluble dans l'eau. C'est sous cette forme qu'on l'emploie dans presque toutes les machines dites à gaz liquéfié.

Le marbre, la craie, contiennent, comme d'ailleurs tous les carbonates, beaucoup d'acide carbonique. Le bicarbonate de soude en possède deux ou trois fois plus que le carbonate simple que l'on produit en grandes masses par le procédé Leblanc, c'est pourquoi on le préfère dans cette expérience.

Les parois du générateur doivent être très épaisses pour résister à la poussée intérieure. Sans cela on risquerait de les voir éclater. Un préparateur de Thilorier eut les jambes coupées par une explosion. Aussi, pour éviter ces terribles accidents, la construction de ces appareils a-t-elle été soigneusement étudiée. Une chemise de cuivre est recouverte par une épaisse gaine en fonte, intérieurement doublée de plomb, pour rester neutre, c'est-à-dire sans s'user, pendant le mélange de l'acide sulfurique avec l'eau. Ainsi fabriqué le générateur peut résister à une pression de 1000 atmosphères.

L'acide carbonique ainsi préparé sert aussi à la fabrication des boissons gazeuses et principalement de l'eau de Seltz. Quand le gaz est liquide il passe du producteur dans l'épurateur, et de là dans un gazomètre à contrepoids où il est emmagasiné à une forte pression.

Ensuite un tube le conduit aux sphères des saturateurs mus par des pompes recevant le mouvement par l'intermédiaire d'une courroie de transmission. Enfin il est comprimé dans les siphons au moyen d'une pompe à main ordinaire.

On voit que l'acide carbonique liquéfié est employé dans l'industrie, ni plus ni moins que la vapeur d'eau ou que le gaz hydrogène.

Nous avons vu quelle préparation était nécessaire pour obtenir l'acide sous la forme qu'il doit servir. Voyons maintenant ce qui concerne l'ammoniaque :

Le nom d'ammoniaque a été donné à ce corps par les Arabes, qui le connaissaient depuis très longtemps et, les chimistes qui l'ont étudié les premiers, Scheele et Priestley, le lui ont conservé. C'est un gaz incolore, d'une odeur vive et piquante. Sa densité est de 0,597. Soumis à un refroidissement de 40° sous la pression ordinaire ou à une pression de 7 atmosphères à la température de 10 degrés, le gaz ammoniac se liquéfie. Il forme alors un liquide incolore, très fluide et très mobile. Faraday, qui avait solidifié l'acide carbonique, réduisit ce liquide en une masse blanche, cristalline et transparente. Chauffé, ce liquide se réduit en vapeurs, à zéro de 4 atmosphères de pression, à 20 degrés de 8 atmosphères. A 60 degrés, elle abandonne tout son gaz, qui a alors 13 atmosphères de pression, ce qui n'est rien à côté de la tension de l'acide carbonique liquéfié. C'est ce liquide, dont quelques inventeurs se sont servis pour leur machine, espérant par là obtenir des économies de combustible notables. Nous allons voir ce qu'il en est advenu.

Quelques machines sont bien comprises et ont donné des résultats satisfaisants, mais à côté de cela, combien d'inventeurs ont perdu leur temps et leur argent à la recherche de systèmes impossibles, ne se basant sur aucun principe de la véritable science mécanique moderne !

Partie III

Les premiers moteurs à acide carbonique

L'ingénieur Brunet.

C'est dans le but, poursuivi depuis longtemps, de diminuer le plus possible, la dépense de combustible, qu'un célèbre ingénieur français, M. Brunel, a cherché à employer l'acide carbonique comme force motrice.

En 1820, Humphry Davy avait indiqué la route à suivre pour arriver à des résultats supérieurs, en proposant de faire agir les gaz, comme la vapeur d'eau dans une machine. Ce fut en partant de ce principe que Brunel imagina son moteur.

Son appareil est formé de 5 cylindres (fig. 107), A, B, C. D, E, verticaux, communiquant entre eux. Les cylindres extrêmes renferment l'acide carbonique, qui y est comprimé et liquéfié une fois pour toutes, à l'aide d'une pompe. Chacun d'eux joue alternativement le rôle de chaudière et de condenseur, et à cet effet ils contiennent plusieurs tubes cylindriques dans lesquels on fait passer successivement de l'eau chaude et de l'eau froide[16]. L'acide passe dans les cylindres B, D par les tuyaux *b b'* et presse des pistons mobiles, au-dessous desquels est située une masse d'huile. L'huile remplit le cylindre central C et communique la pression à son piston *d* dont la tige

16 Ch. Laboulaye, *Dictionnaire des Arts et Manufactures.*

t transmet le mouvement au mécanisme moteur, semblable à une machine horizontale. Pour concevoir le jeu de cet appareil, supposons que l'eau chaude coule dans A et l'eau froide dans E, l'acide carbonique pressera plus fortement,

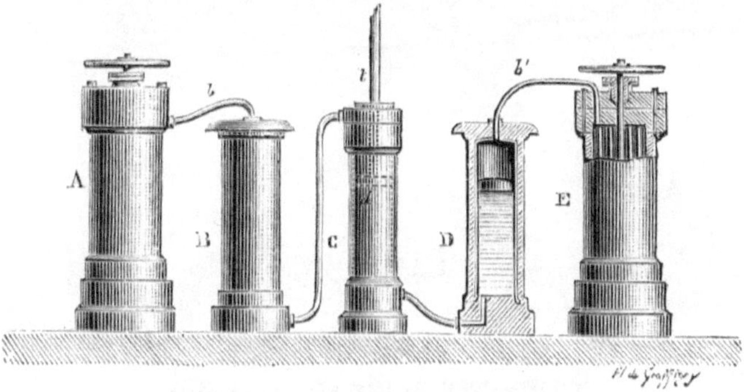

Fig. 107. — Machine de Brunel.

le piston de B que celui de D et le piston *d* de C montera. Si c'est le contraire qui arrive, l'acide pressant la face supérieure du piston le fera redescendre et ainsi de suite. La couche d'huile interposée prévient les fuites d'acide et les pertes de travail.

Ainsi était disposée la première machine à acide carbonique. Si l'idée, par elle-même, était bonne, l'arrangement des organes du moteur était fort défectueux. Les cylindres, d'une épaisseur de 5 centimètres, étaient d'un poids considérable. De plus, le rendement de travail ne fut pas si important et si régulier que dans les machines à vapeur. Enfin en 1823, Sadi-Carnot prouva que Brunel ne pouvait obtenir que des effets minimes, en n'employant que de petites quantités de chaleur.

Malgré cela il faut rendre à l'ingénieur, l'honneur qui lui appartient. C'est lui, qui le premier a eu l'idée de remplacer la vapeur par un gaz, dans les machines, et ce n'est qu'après avoir consciencieusement étudié ce problème si complexe, que d'autres inventeurs ont fait connaître de nouveaux moteurs dont l'embryon était son idée perfectionnée, d'après tous les moyens que la science et l'expérience ont mis à notre portée. Enfin, c'est lui qui a montré l'exemple de ce que peut faire la conception, dans un ordre tout différent d'idées, et qui a indiqué aux chercheurs futurs, la route à suivre.

Partie IV

Moteur à acide carbonique

MM. Gbilliano et Cristin.
Applications du gaz carbonique à Essen.

La création d'un véritable moteur à acide carbonique est due à MM. Ghiliano et Cristin.

Ce ne fut que longtemps après Brunel, alors que sa tentative était presque oubliée, en 1855, que ce nouveau moteur apparut. Voici, d'après le livre de M. Armengaud aîné[17], en quoi consistait cet appareil (fig. 108).

L'acide carbonique, liquéfié par le procédé Thilorier, est renfermé dans un canon épais, en fer forgé et embouti. Près de ce récipient est placé le cylindre où se trouve le piston moteur. Ce cylindre, chauffé au bain-marie, est disposé comme celui d'une machine à vapeur et travaille comme lui. L'acide liquide arrivant dans le cylindre, dont la température intérieure est de 90 degrés, se dilate, se gazéifie instantanément. Par sa grande pression, il pousse le piston au bout de sa course, ce dernier redescendant ensuite, le chasse à son tour par le tube d'échappement et l'envoie au condenseur.

Ce condenseur est d'une forme particulière pour subir impunément les fortes pressions. C'est un tuyau en fer forgé, enroulé en serpentin et plongeant dans une cuve d'eau. Le gaz, arrivant avec toute sa pression dans ce serpentin froid, se condense instantanément puis, une pompe le reprend et le renvoie

17 *Traité des Moteurs.*

dans le cylindre, où il se dilate et travaille sur l'autre face du piston pour le faire redescendre. Le mouvement alternatif se transforme en mouvement circulaire continu et l'arbre tourne, comme par l'action de la vapeur, et tout aussi régulièrement.

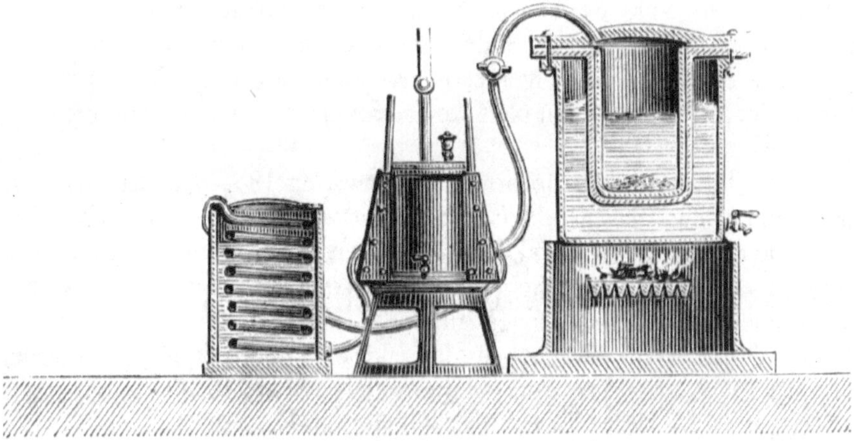

Fig. 108. — Moteur Ghilliano et Cristin.

Toutes les pièces de ce mécanisme doivent être d'une grande solidité, car la pression dans le cylindre, lorsque l'eau du bain-marie atteint une température de 50 degrés, est de 155 atmosphères, 158 kilogrammes par centimètre carré ! C'est la plus forte pression à laquelle une machine ait marché, et nous n'en connaissons pas d'autre exemple.

Le récepteur a une épaisseur de plusieurs centimètres, calculée pour résister à une pression de 500 atmosphères, le cylindre moteur, le condenseur sont également très épais. Le type du mécanisme moteur est celui des premières machines verticales sans chaudière.

On a objecté que l'économie tant recherchée dans les moteurs, ne serait pas réalisée dans ce système, que le prix de fabrication de l'acide liquéfié et des matières nécessaires à cette fabrication, que le combustible brûlé sous le cylindre, enfin toutes ces causes réunies feraient revenir au contraire le travail produit, deux ou trois fois plus cher qu'avec tout autre moteur. On s'est trompé. C'est toujours la même quantité d'acide carbonique qui travaille. Tour à tour il est vaporisé, condensé, recueilli, réchauffé et c'est continuellement le même volume de gaz qui agit, et d'une façon régulière. On se contente, pour parer aux fuites et pertes inévitables, d'ajouter de temps à autre, un peu d'acide liquéfié à celui que renferme le canon.

On a dit aussi que ce qui ferait principalement rejeter l'emploi des moteurs à acide carbonique serait la crainte des explosions, cent fois plus terribles avec eux qu'avec aucun autre. Cette crainte aurait été mal fondée. La construction mécanique est arrivée à un tel degré de perfection qu'en suivant les prescriptions mathématiques de l'épaisseur, rien n'aurait été à redouter, sauf les cas fortuits. Mais de même, qu'avec les meilleures machines à vapeur il arrive des accidents, il serait bien problématique d'affirmer le contraire pour cette machine.

MM. Ghilliano et Cristin prirent un brevet en 1855 pour leur moteur. Ils ne purent l'utiliser en nature et laissèrent expirer leur brevet, sans avoir tenté une expérience en grand. Leur invention, comme tant d'autres, passa inaperçue, et maintenant cette belle idée est complètement oubliée, excepté de quelques mécaniciens ou ingénieurs.

On sait que la tension de vapeur de l'acide carbonique liquide est énorme, puisqu'à 15°, elle est d'environ 50 atmosphères, dépasse 100 atmosphères à 50°, et d'après M. Krupp, atteindrait 800 atmosphères à 200°.

Un réservoir rempli d'acide carbonique liquide, à la température ordinaire, représente donc une certaine énergie immédiatement disponible, à la condition que le refroidissement dû à la vaporisation d'une partie du liquide n'abaisse pas sa température à un degré trop bas. Avant que cela ne se produise on dispose pendant quelques minutes, d'une puissance relativement considérable. Cette force a été mise à profit par le directeur du corps des pompiers de Berlin : M. le major Witte. D'après le *Berichte der deutschen chemischen Gesellschaft*, les pompes à vapeur sont munies de réservoirs à acide carbonique dans lesquels on emmagasine une certaine quantité de gaz liquéfié à l'aide de bouches de prise et d'une canalisation spéciale.

La chaudière porte donc sa provision d'eau et d'acide carbonique. Au moment où un incendie se déclare, la chaudière est aussitôt allumée, mais sa mise en pression demande quelques minutes, et elle arrive souvent sur le lieu du sinistre avant d'être en état de fonctionner.

On ouvre alors le réservoir à acide carbonique qui se liquéfie, transverse la chaudière, s'y échauffe plus ou moins et se rend dans les cylindres moteurs de la pompe à vapeur dont il actionne les pistons comme le ferait la vapeur elle-même. Lorsque la température s'élève, l'eau est vaporisée, la machine est alors actionnée par un mélange de vapeur et d'acide carbonique et enfin par la vapeur seule. Mais — et c'est là le point important — grâce à cet emploi, la pompe est toujours immédiatement prête à fonctionner dès qu'elle arrive sur le lieu du sinistre ; c'est là un gain de cinq à six minutes qui, aux débuts d'un incendie, a une importance considérable.

D'après des expériences faites par M. le major Witte, la consommation d'acide carbonique, avant la mise en pression de la machine à vapeur ne dépasse pas 8 kilogrammes, mais il faut avoir soin de faire usage de deux récipients car le refroidissement produit par la vaporisation d'une partie de l'acide carbonique liquide produit la congélation du reste de l'acide.

Cette application de l'acide carbonique liquide n'est pas la seule, car on s'en sert aux ateliers Krupp pour la fabrication de la glace et de l'eau de seltz ainsi que pour produire la pression nécessaire au débit de la bière.

En ajoutant à ces diverses applications celle plus récente faite à l'usine Krupp, pour la fabrication de l'acier comprimé, on comprendra que des industriels allemands, MM. Kunheim et Cie se préoccupent activement d'organiser sur une grande échelle la fabrication de l'acide carbonique liquide.

Il n'est pas douteux, en effet, que le jour où cette fabrication sera devenue économique, elle ne fasse naître une foule d'applications restées jusqu'ici dans le domaine de l'expérience du laboratoire ou dans le cerveau des inventeurs.

Partie V

Moteur à gaz acide carbonique

Projet de l'auteur.

Dans la première édition du présent ouvrage et à cette place même, nous avions décrit un projet de moteur à gaz acide carbonique liquéfié, que présente la fig. 109 et qui, depuis, a été notablement perfectionné en vue de son application à la navigation fluviale et aérienne. Aujourd'hui même, ce projet est entré dans la voie de la réalisation pratique ; sa construction est commencée et s'il donne les résultats que la théorie fait espérer, il ne tardera pas à être mis en service. Ce n'est pas que nous le prétendions infiniment supérieur à tous ceux qui l'ont précédé, mais il ne manque pas de cas où il sera de la plus grande utilité, vu la réduction de poids et de volume qu'il présente. C'est même, nous le ferons remarquer, un point capital en locomotion aérienne, car il permet la suppression de tout poids mort à transporter, comme combustible et comme eau d'alimentation.

Toutes les machines, ainsi que nous l'avons pu voir au cours de cet ouvrage, se composent de deux parties essentielles : le générateur de force et le mécanisme moteur, auquel on peut ajouter le condenseur. Nous allons successivement étudier ces parties dans le moteur qui nous occupe.

Le réservoir d'acide carbonique liquéfié qui joue le rôle de chaudière, présente la forme d'un serpentin. C'est un tube d'acier, de cinq millimètres

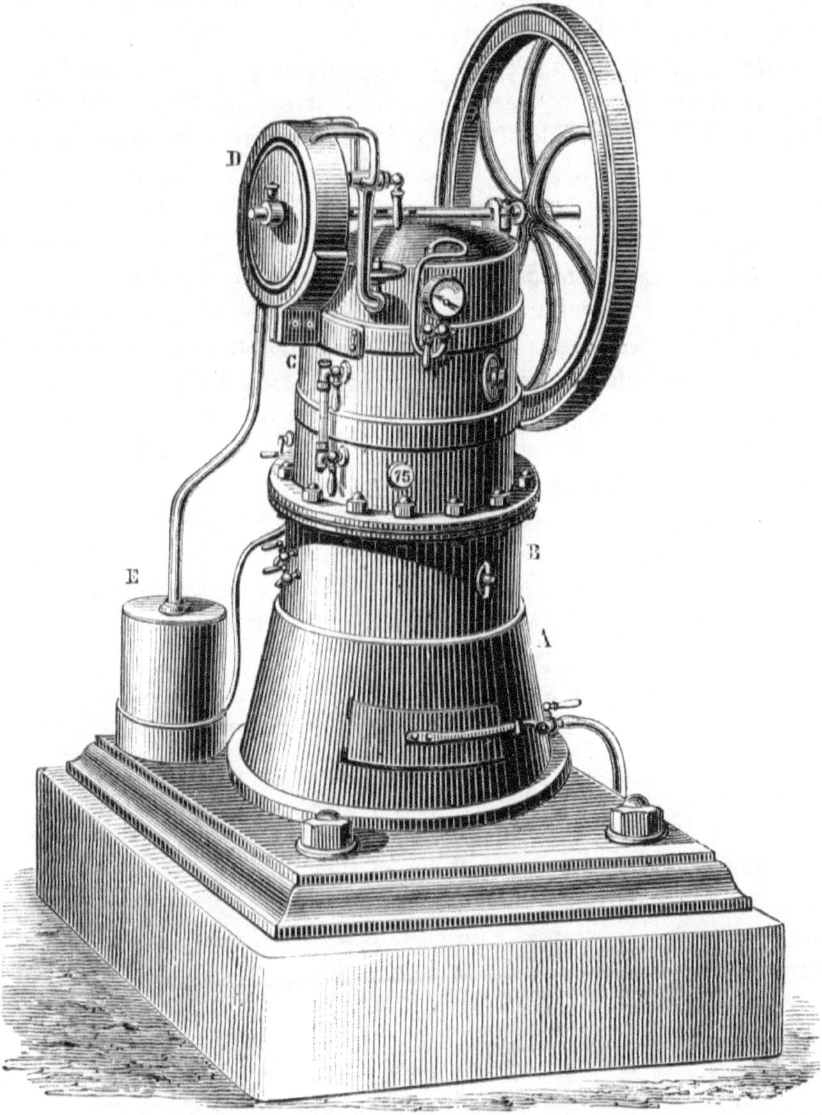

Fig. 109. — Moteur à acide carbonique, première idée de l'auteur.
A, enveloppe du fourneau. — B, bain-marie. — C, chaudière. — D, appareil moteur. — E, condenseur en serpentin.

d'épaisseur, roulé sur lui-même comme le réfrigérant du système Cristin. Cette forme a été préférée par suite de la faible épaisseur qu'il suffit de donner aux parois pour résister à la pression intérieure du gaz, et du peu de danger que présenterait par suite une explosion. Ce serpentin fait six tours sur lui-même et remonte verticalement pour se terminer en cône évasé surmonté d'un couvercle boulonné. Sa longueur totale est de quatre mètres et il contient 2600 grammes d'acide liquéfié, soit environ trois litres. Le cône joue le rôle du dôme de prise de vapeur dans les locomotives ; quant à l'extrémité inférieure du serpentin, elle est en rapport avec la boîte à clapets de la pompe alimentaire.

Ce serpentin baigne tout entier dans un bain-marie cylindrique renfermant 12 litres d'eau et pesant, eau comprise, 16 kilogrammes. Le dôme du serpentin forme le couvercle de ce cylindre qui est emboîté, à sa partie inférieure, dans un cylindre creux, un peu plus grand que lui, et où se trouve le foyer réchauffeur, lequel se compose d'une simple lampe à pétrole à quatre becs dont on peut régler à volonté la chaleur et la dépense.

Sur la partie supérieure du cône terminant le serpentin, se trouvent deux soupapes de sûreté à ressorts, d'un modèle spécial et très simple. On les assujettit à la pression qu'il serait dangereux de dépasser. Deux robinets placés sur le côté du bain-marie servent à juger de la hauteur de l'acide dans le serpentin et le tube de prise est soudé au point culminant du dôme ; il est entouré d'une gaine en liège calorifuge pour éviter les pertes de chaleur par condensation. Le manomètre, gradué jusqu'à 100 atmosphères, est ajusté sur ce tuyau.

Voilà pour ce qui concerne le générateur ; abordons maintenant le mécanisme moteur, à la construction duquel deux considérations importantes ont présidé : d'abord la suppression de tout serre-joints, presse-étoupes, etc., pour éviter les fuites de gaz, si difficiles à empêcher avec les pressions considérables qui entrent en jeu ; ensuite la grande vitesse de rotation qu'il était nécessaire d'obtenir en vue des applications futures.

Pour arriver à ce but, les deux pistons sont enfermés dans une boîte cubique, traversée d'un côté seulement par l'arbre moteur.

Les tiges des pistons, montées à charnière, s'articulent directement sur deux coudes de l'arbre moteur. Ils sont entourés d'une légère enveloppe de tôle, placée excentriquement pour éviter tout aspect disgracieux, et dans laquelle circule de l'eau chaude venant du bain-marie. Ils paraissent donc, extérieurement, être disposés dans le prolongement l'un de l'autre, et ils sont couchés horizontalement sur un rebord de fonte boulonné sur le socle. L'arbre moteur sort d'un côté et est serré entre deux contre-pointes ; il porte un volant assez lourd sur la gorge duquel on peut adapter une courroie de transmission.

La distribution s'opère par le jeu d'une pièce circulaire, tournant à frottement doux sur la glace de la boîte à vapeur, et fixée sur l'arbre. La vapeur d'acide carbonique ne pénètre dans les pistons que pendant la moitié de la course ; elle se détend ensuite et s'échappe. Le diamètre des pistons étant de 8 centimètres, la surface totale utilisant la pression est de 40 centimètres carrés.

Après avoir travaillé et s'être détendu sur les pistons, le gaz arrive par un tuyau en cuivre nu au condenseur, caisse méplate, contenant un mélange d'acide carbonique et d'éther à la température de 70 degrés au dessous de zéro, dans lequel plonge le long tube où circule le gaz qui, par suite, se refroidit et se reliquéfie.

Sur la face supérieure de la boîte cubique d'où sortent les pistons, se trouve un régulateur à boules, semblable à celui des machines à vapeur, commandé par deux engrenages d'angle, et dont le rôle est de régler l'uniformité de la marche. Une autre transmission actionne, au moyen de deux excentriques, les clapets d'une pompe alimentaire fixée au corps cylindrique du bain-marie, et dont le rôle est d'aspirer l'acide du condenseur pour le refouler dans le serpentin.

Cette pompe, — comme toutes les autres du reste, — est la partie la plus délicate du mécanisme : de son jeu régulier dépend la marche du moteur.

Voyons maintenant le fonctionnement de l'appareil :

Lorsque l'eau du bain-marie est tiédie à 45 degrés, ce dont on peut juger à l'examen d'un thermomètre dont la boule plonge dans le liquide, la tension du gaz carbonique est de 90 atmosphères et l'effort produit sur les pistons de 3000 kilogrammes. La machine tourne à raison de 600 tours à la minute, consommant ainsi environ un mètre cube de gaz, ou un demi-litre d'acide liquide. Ce gaz est liquéfié dans son passage à travers le condenseur, sous une contre-pression de 40 atmosphères ; il est repris par la pompe et renvoyé à la chaudière. Pour remédier aux fuites, on peut faire usage d'un réservoir contenant une certaine provision d'acide liquéfié et en rapport aussi avec la pompe.

Le poids total du moteur qui doit servir aux expériences de navigation aérienne sera de 120 kilogrammes en charge, condenseur compris, et il devra développer un peu plus de vingt chevaux-vapeur. En remplaçant la chaudière par un double réservoir à acide, sans bain-marie, condenseur ni foyer, on peut obtenir trente chevaux-vapeur pendant dix minutes sous le même poids, soit quatre kilogrammes par cheval.

Nous pouvons donc le répéter : le moteur à gaz acide carbonique liquéfié est certainement le plus léger de tous ceux que l'on peut construire actuellement. La dépense de son chauffage n'est que de quelques centimes par heure, le pétrole étant peu coûteux, mais sa dépense en acide sera dispendieuse tant que l'on ne sera pas parvenu à fabriquer industriellement et économiquement l'acide liquéfié par un procédé quelconque. Mais, sans prétendre l'appliquer immédiatement à tous les besoins de l'industrie et vouloir supprimer la vapeur, on peut le croire utile dans un grand nombre de cas où il est besoin d'une grande légèreté, comme la locomotion sur routes à l'aide de tricycles, sur rivières avec de petites yoles et enfin la navigation atmosphérique au moyen d'appareils plus lourds que l'air, et perfectionnés.

Dans les moteurs à haute pression est l'avenir, et il est à espérer qu'avant peu, ils seront devenus pratiques grâce aux efforts des chercheurs tenaces qui ont entrepris de résoudre cette belle question des moteurs légers. Ce que la vapeur n'a pu nous donner, l'acide carbonique ou l'ammoniaque nous le donneront, c'est-à-dire la force motrice sans charbon ni gaz d'éclairage, la puissance idéale rêvée, silencieuse et sans danger, le cheval-vapeur dans un boîtier de montre, comme l'a spirituellement dit un savant vulgarisateur, en un mot la machine qui nous permettra d'achever la conquête si bien commencée de la planète que nous habitons et d'inaugurer enfin l'ère glorieuse de la navigation aérienne !

Partie VI

Moteurs à gaz ammoniac

On vient de voir les chances qu'avaient les moteurs à gaz acide carbonique liquéfié de réussir. Il ne nous reste plus à voir que quelques systèmes de moteurs à grande puissance, faible poids et surtout économiques. Parmi tous ces derniers, qui s'intitulent économiques sans l'être, nous décrirons deux systèmes, dont le principe est juste et permet de fonder quelques espérances de succès.

Le premier est celui de M. Pietro Cordenons, professeur au Lycée de Rovigo. Voici rapidement en quoi consiste son invention.

L'ammoniaque liquéfié est contenu dans un récipient de cuivre fondu d'un jet et pouvant supporter sans faiblir, une pression de 15 atmosphères. Comme dans le système précédent, ce vase est emboîté dans l'enveloppe du fourneau. Le foyer est une lampe dite multiflamme, alimentée à l'essence minérale ou au pétrole. Les gaz de la combustion s'échappent au dehors par quatre tubes de cuivre traversant la chaudière, et qui en font une sorte de chaudière tubulaire.

La lampe fournit peu de chaleur ; ce peu est cependant suffisant pour gazéifier l'ammoniaque. La vapeur produite a une température de 15 degrés, de 4 atmosphères, 30 degrés, 8 atmosphères, chaleur d'ébullition assez basse.

Un tube de caoutchouc, installé sur un robinet de la chaudière, amène le fluide au mécanisme moteur. Ce dernier ressemble beaucoup au Moteur Rationnel de M. Broquet. La disposition des pistons est la même, le gaz

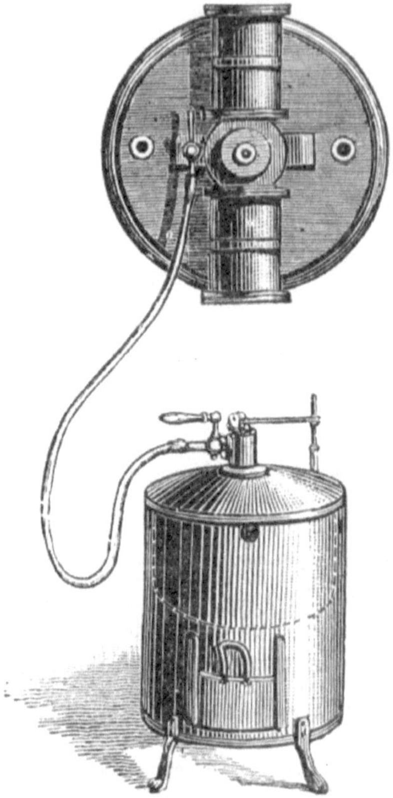

Fig. 110. — Moteur à ammoniaque de Pietro Cordenons.

ammoniac agit tour à tour sur les deux faces du piston, dont les tiges sont fixées directement sans bielle ni excentrique à un coude de l'arbre moteur.

Lorsque le gaz ammoniac a travaillé dans les deux cylindres, un second tube de caoutchouc le ramène au condenseur qui est formé d'un simple récipient en fer rempli d'eau froide. Le tube passe à travers ce vase. le gaz qu'il contient se liquéfie et on le recueille par un robinet.

Pendant la marche, l'alimentation s'opère automatiquement, par le jeu d'une pompe foulante microscopique, chassant une certaine quantité de liquide dans la chaudière, liquide qui se vaporise dès son entrée et travaille dans les cylindres moteurs.

Cet appareil, d'une construction très simple, sans organes délicats, ne pesant presque rien, nous semble appelé à rendre de très grands services pour la production instantanée, sans embarras de la force motrice. Peut-être ce système pourrait-il rivaliser avec la poudre, dans certains cas, tels qu'à la guerre, pour la lumière électrique.

M. Piétro Cordenons a appliqué ce moteur à la direction d'un aérostat allongé. Les résultats comme direction ont été nuls, mais comme force de la machine ils ont été concluants. La substitution du gaz ammoniac à la vapeur d'eau est une idée ingénieuse qui tôt ou tard portera ses fruits.

Un inventeur, M. Tixier, de Bordeaux, a proposé ces derniers temps l'emploi de l'ammoniaque, successivement séparé de l'eau et liquéfié, puis agissant dans une machine rotative et se combinant à l'eau pour produire de la chaleur. Cette idée de chauffer l'ammoniaque par une réaction chimique n'est pas neuve, seulement personne n'avait songé à employer l'ammoniaque ayant travaillé, à cette fin. C'est là le seul mérite de l'invention.

M. Tixier a construit cet appareil pour la fourniture immédiate de la force motrice, chose qui pourrait être très utile parfois, soit aux armées en campagne, soit aux agriculteurs. Aussi a-t-il l'intention de reprendre le cours de ses études et de présenter bientôt le véritable type de sa machine, munie de tous ses perfectionnements et dans quelques-unes de ses applications.

Partie VII

Moteur à poudre

Opinion de quelques savants. — Résumé.

On aurait besoin parfois d'avoir, comme nous disions dans le précédent chapitre, une force motrice se développant instantanément, sans exiger de combustible et sans que le mécanisme tienne de place. Pour faire face à cette éventualité on a proposé l'emploi de la poudre, dont les gaz se développent avec autant d'intensité que la vapeur d'eau. Jusqu'à présent nous ne connaissons qu'une seule application de cette force motrice. C'est pour le battage des pieux.

Ordinairement, pour cette opération les pieux sont enfoncés dans le lit de la rivière ou du fleuve par les coups répétés d'une sorte de marteau appelé sonnette. Dans le système à poudre, les pieux ne sont pas endommagés, comme avec la sonnette. On va savoir pourquoi.

Le jeu de cet appareil est simple à comprendre. Sur la tête du pieu on place la cartouche, de façon que le percuteur soit dans l'axe d'un marteau, placé au-dessus et accroché à une corde passant dans la gorge d'une poulie. Lorsque ce marteau tombe sur le percuteur, la cartouche éclate. Les gaz de la poudre, dilatés par la chaleur repoussent le marteau et le recul produit enfonce le pieu d'une certaine quantité. Le placement de la seconde cartouche se fait automatiquement, de façon que, lorsque le marteau retombe, le même effet se reproduise et ainsi de suite. On le voit, l'emploi de la poudre comme force motrice est une idée fort ingénieuse; mais elle n'a qu'un défaut, celui de coûter beaucoup trop cher. La force produite de cette façon revient à un prix environ 90 fois supérieur à celui de la vapeur d'eau. Mais, comme le fait remarquer avec raison M. Laboulaye[18], dans certaines circonstances, on se sert de la poudre, comme on se sert du zinc dans les appareils électriques. Dans les deux cas le prix de revient du travail est plus élevé, il est vrai, mais on n'a pas à employer d'appareil moteur, la production du travail est plus rapide.

Messieurs Buisson et Ciurcu, dans le cours de ces dernières années, avaient imaginé de remplir une sorte de marmite d'une certaine composition fusante de leur invention. Ils mettaient le feu à cette composition ; les gaz produits s'échappaient par un tuyau, et par la force de réaction qu'ils développaient, ils permettaient de produire une certaine puissance motrice. Ils avaient adapté leur appareil à un bateau qui parvenait à remonter le courant de la Seine et ils espéraient réussir à établir un moteur absolument industriel, quand, au cours d'une expérience qu'ils exécutaient à Asnières en présence de M. le comte d'Hérisson, les tôles de la marmite crevèrent sous une élévation anormale de la pression. Le bateau fut brisé en mille pièces, M. Buisson tué par la projection de la chaudière, et le jeune homme qui tenait la barre, pulvérisé. Seul, M. Ciurcu, quoique grièvement brûlé, put regagner la rive, désespéré, mais non découragé. Il a repris depuis, et seul cette fois, le cours de ses recherches et il pense être parvenu à éviter tout danger dans le maniement des substances, et à créer le moteur à poudre véritablement pratique et industriel. L'avenir — et un avenir très prochain, —nous apprendra si le courageux savant roumain a eu raison de continuer sans découragement et sans crainte les travaux qu'il avait commencés avec notre compatriote M. Buisson.

Nous avons maintenant étudié tous les moteurs connus, depuis l'antiquité jusqu'à nos jours : il ne nous reste qu'à rapporter l'opinion de quelques savants sur la théorie mécanique de la chaleur, à propos des machines dont la force première en dépend :

En 1823, M. Sadi-Carnot, oncle du président actuel de la République, et que nous avons déjà cité, publia sa brochure *Réflexions sur la force motrice du feu,* dans laquelle il établissait pour principe que la substitution d'un corps à un autre dans les machines à feu, ne pouvait conduire à aucun avantage théorique. Plus tard la théorie mécanique de la chaleur fut rigoureusement établie par les calculs d'éminents physiciens notamment de MM. Hirn,

18 *Dictionnaire des Arts et Manufactures*, par Ch. Laboulaye.

Regnault, Mayer, Joule, Tomson et Renkine. Cette théorie conduit à une conclusion que bien des inventeurs devraient ne pas perdre de vue. En effet, dans quelque machine que ce soit, quel que soit le liquide employé, la même quantité de chaleur développe le même travail. C'est une loi inflexible.

Si, dans quelques nouveaux moteurs, on a obtenu des résultats économiques, cela tient surtout, non pas au corps employé, mais bien à la manière d'en faire emploi, d'après la plus ou moins bonne disposition des organes et en faisant rendre à la chaleur tout son effet mécanique. C'est pourquoi nous pensons que les moteurs à acide carbonique, chauffés au gaz, auront quelque vogue, car ils utilisent toute la chaleur perdue ou incomplètement consommée dans les autres systèmes.

C'est en connaissance de cause que M. Ericcson a inventé sa machine à air chaud. Il n'avait pas la prétention de produire de grands effets avec peu de chaleur, mais bien de supprimer tous ces changements de vapeur en mouvement, et de chaleur en vapeur. Il voulait employer directement la chaleur ou le mouvement. La théorie était bonne, seulement la marche suivie étant fausse il n'est arrivé qu'à des résultats imparfaits.

Depuis l'invention de la machine à vapeur, la science des moteurs a fait peu de progrès, excepté pourtant dans les moteurs à gaz. La machine à vapeur est-elle le type idéal, celui qui doit survivre à tous les autres ? Nous ne le croyons pas, d'autant plus que les calculs de savants éminents prouvent qu'elle est fort imparfaite.

Bien des systèmes proposés pour la remplacer ont échoué. Pourtant parmi ces derniers, nous citerons le moteur électrique, bien des fois renié et rejeté comme stérile. Il n'en est, il est vrai, qu'à son enfance, aussi on aurait tort de se décourager. Est-ce lui qui remplacera un jour la vapeur ? Nous l'ignorons et laissons à l'avenir le soin de nous l'apprendre, en rappelant le mot de Franklin sur les ballons : « *Ce n'est qu'un enfant,... mais il grandira* ! »

Nous avons parcouru en détail tous les genres de moteurs et leurs innombrables variétés, toutes les différentes forces motrices et leurs modes d'emploi. Nous allons les récapituler en quelques mots.

- D'abord l'homme, sa force musculaire, les travaux qu'il accomplit seul ou en collaboration avec les machines.
- Les animaux travaillant sous sa direction et diminuant la somme de ses peines.

- Les forces naturelles mises à profit pour le mouvement de divers appareils et, en premier lieu, le vent, moteur des moulins et des bâtiments à voiles.
- L'eau, actionnant les roues hydrauliques, les turbines, les moulins à marée, le moteur Dufort.
- L'air, échauffé, comme dans la machine Éricсson et ses dérivés, ou comprimé comme dans le moteur Taverdon, ou raréfié comme dans le système Boudenoot.
- La pression atmosphérique dans la machine de Papin et dans celle de Huyghens.
- Le feu, dans les appareils à vapeur, les innombrables applications de ces appareils, leur construction, leur manoeuvre, les différents types qui se subdivisent à leur tour en machines secondaires.
- Les gaz, d'abord l'hydrogène bicarboné ayant fait surgir les inventions de MM. Lenoir, Forest, Benz, Otto, Bisschop, Bénier, Koerting, Brayton, etc.
- L'éther et le chloroforme caractérisés par les machines de Du Tremblay, Tissot, Lafont.
- L'acide carbonique, actionnant les moteurs de Brunel, de Ghilliano et Cristin, de Krupp et de l'auteur.
- Ensuite la puissance mystérieuse de l'électricité, force invisible agissant dans les spires des électro-aimants et dans les anneaux des machines dynamos, et provoquant des effets aussi surprenants qu'inattendus.
- Enfin, la force explosible de la poudre à canon produisant sans appareils des effets considérables.

D'après cette énumération successive, on peut se rendre compte des progrès accomplis par la science des moteurs, depuis les temps les plus reculés jusqu'à notre époque, féconde en inventions de tous genres. C'est, on peut le dire, une véritable histoire des conquêtes de l'esprit humain, dans l'une des branches les plus importantes de la science.

Table des gravures

Table des Matières

CHAPITRE VII
MOTEURS ÉLECTRIQUES

CHAPITRE VIII
MOTEURS A GAZ

CHAPITRE IX
MOTEURS A GRANDE PUISSANCE

Imprimé en France
Lightning Source - 78310 Maurepas

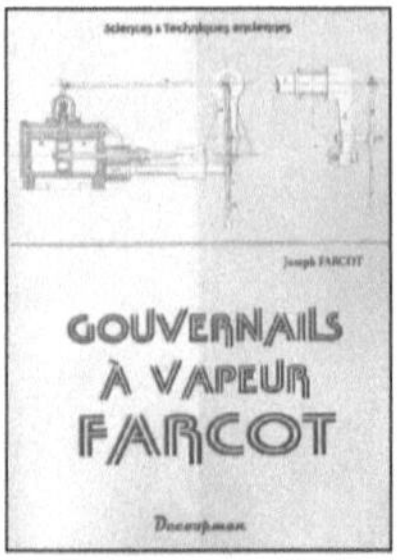

Gouvernails à vapeur Farcot
Decoopman

Les bateaux à Vapeur

Les Chemins de Fer

LA LOCOMOTIVE
Ulysse LAMALLE
Fernand LEGEIN

Louis Figuier
Locomotive et Chemins de Fer

Édouard SAUVAGE
LA MACHINE LOCOMOTIVE

Sciences & Techniques anciennes
L. E. LOCHE
Des Mécanismes élémentaires
Decoopman

Sciences & Techniques anciennes
Henry T. Brown
507 Mouvements Mécaniques
Decoopman

Sciences & Techniques anciennes
Georges Franche
Engrenages et Transmissions
Decoopman

SCIENCES & TECHNIQUES

www.decoopman.com

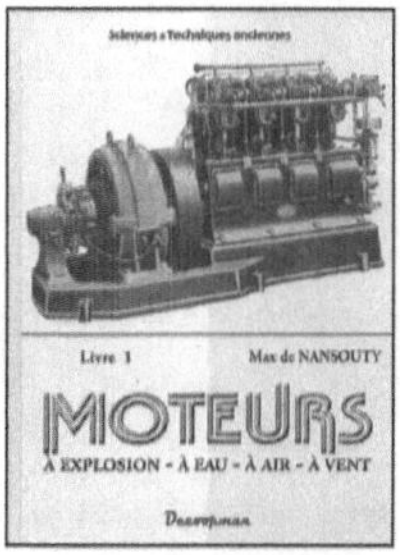

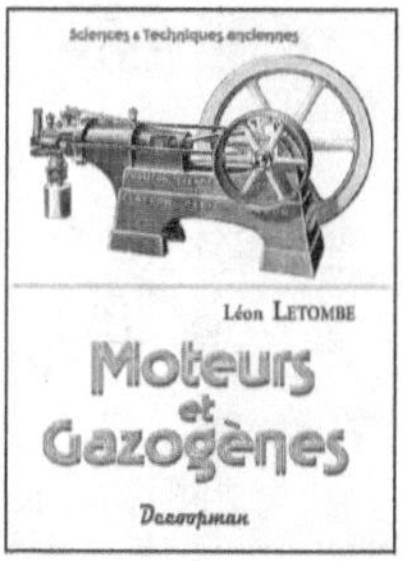

Sciences & Techniques

www.decoopman.com

Éditions Decoopman - Ferrières - 30440 Saint-Laurent-le-Minier
Tel : +33 (0) 4.67.73.90.95 - web : www.decoopman.com - e.mail : editions@decoopman.com
Catalogue gratuit sur simple demande

www.ingramcontent.com/pod-product-compliance
Lightning Source LLC
La Vergne TN
LVHW090428061026
849522LV00002B/528
* 9 7 8 2 3 6 9 6 5 0 1 8 8 *